決して止まらない船

船舶DXソリューション「MaSSA」のすべて

BEMAC株式会社
代表取締役社長
小田雅人 著

発行：ダイヤモンド・ビジネス企画　発売：ダイヤモンド社

はじめに

近年、地球温暖化や大気汚染の原因となる排ガスを出さない、地球に優しい乗り物として電気自動車（ＥＶ）の開発が進んでいる。インターネットに常時接続し、ナビゲーションや事故を起こした際の緊急通報を行ってくれるコネクテッドカーの普及が欧米では加速しつつある。

高度な自動運転技術も本格化。自動ブレーキなどのレベル１、ハンズオフ機能などのレベル２は当たり前になりつつある。さらに、ドライバー不在での完全自動運転を可能にするレベル５に向けて開発が進んでいる。

このような自動車の目覚ましい技術革新は、一般の人たちにも広く知られている。それは、自動車は多くの人にとって身近な乗り物である上、世界的な大手企業が積極的に宣伝しているからだ。

一方、船の場合、車のように「一家に一台」という乗り物ではないので、どこまで技術革新が進んでいるのか、一般の方には知る機会も少ない。自動車や航空機と比べ、船という乗り物は時代遅れの乗り物だというイメージをもたれている方も少なくないのではないだろうか。

しかし船についても、現在、二酸化炭素などの温室効果ガス（ＧＨＧ）削減や安全で効率的な運航に向け、ＤＸ化が急速に進んでいる。

自動車と同様、電気や電子によるコントロールが占める割合は大きくなっているし、アクシデントや重大な事故を未然に察知し、防いでくれるシステムの開発も進んでいる。

無人運航についても、従来からあるオートパイロットをはるかに凌駕したシステムが普及しつつあり、船に関わるたくさんのメーカーが集結し、無人運航船の実証実験も行われている。

私が社長を務めるＢＥＭＡＣ（ビーマック）は、愛媛県今治市に本社を置く船用電機・電子機器メーカーだ。舶用メーカーとは、船に搭載するエンジン、プロペラ、レーダー、電気機器などの機械の製造を手掛ける企業のことをいう。ＢＥＭＡＣはそのうち、電気全般の機器の製造、工事を得意としている。

船舶の電気設備関連の仕事をワンストップで行ってきたＢＥＭＡＣは、船のＤＸ化という国際的な潮流に乗ろうとしている。それだけでなく、データサーバーやアプリケーションシステムをリリースして、自らＤＸの潮流を生み出そうとしている。

無人運航船の実証実験では、船の入出港時に動きを制御するシステムや、陸にいながら船の状態などをモニタリングできる機器を担当。実験の成功に貢献することができた。

さらに、AIなどによって船のトラブルを未然に防ぐ機器や船内アプリケーションを開発。一連のコンセプトを「MaSSA」としてリリースし、いかなる状況でも船が安全に航行し、時間通り目的地まで到達する「決して止まらない船」の実現をめざしている。

本書では、無人運航船の実証実験に参加した開発者の苦労や達成感、MaSSAのコンセプトや開発エピソードなどを披露。併せて、1946年に渦潮電機商会として創業されたBEMACの歩みや、船の電気機器の製造、工事といった仕事の内容を紹介している。

船という乗り物は陸上の乗り物や飛行機に比べマイナーな存在だ。しかし本書により、決して止まらない船の実現、そしてその先にある未来の船づくりを目指す若い人が増えれば、これに勝る喜びはない。

2023年7月1日
BEMAC株式会社　代表取締役社長　小田雅人

目次

第3章 「決して止まらない船」の原点

第4章 MaSSAが海運事業の未来を照らす

第5章 「決して止まらない船」の先にあるもの

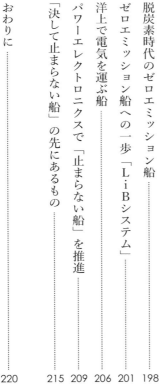

第 1 章

「みらい工場」発
船のDX

DX化で広がる船の可能性

2022年3月1日。早朝の東京湾。

朝日が昇り、オレンジ色に照らされた海を一隻のコンテナ船が進んでいた。東京湾は世界有数の「海の銀座」。貨物船、旅客船、漁船などが入り交じり、それぞれが航行したり、停泊したりしている。

コンテナ船はそれらの船をよけながら、港内をゆっくりと航行し、午前7時前、東京・大井の水産物埠頭《ふとう》に着岸した。早朝の湾岸の、ごくごく当たり前の光景であった。

無人運航船の実証実験であることを除いては。


世界に先駆けた日本財団の無人運航船プロジェクト「MEGURI2040」は五つのプロジェクトで構成される。そのうち、世界一の輻輳《ふくそう》海域*ともいわれる東京湾と伊勢湾の間を無人運航で往復するという壮大な挑戦が「無人運航船の未来創造～多様な専門家で描くグランド・デザイン～」と題したプロジェクトである。

実証実験の主体は、DFFAS(ディファス)と呼ばれるコンソーシアム。造

*輻輳海域:東京湾、伊勢湾、瀬戸内海および関門港で、湾内で船舶の針路が最も輻輳する海域。一般法の海上衝突防止法に加え、特別法の海上交通安全法が適用され、海上交通のルールが定められている。

船会社や船用メーカーのみならず、通信、保険など計30社でつくる大きな企業体だ。さらに、国内外の協力企業・組織を合わせると構成企業は約60社にものぼる。

ＢＥＭＡＣは、このＤＦＦＡＳの一員として実験に参加。２０２０年度から研究開発などを進めてきた。

自律航行支援や、船の制御機能、遠隔操船や機関の遠隔監視、情報管理など、参加企業がそれぞれの技術を持ち寄り、一台のコンテナ船に搭載していく。

船の名前は「すざく」。全長94・70ｍ、幅13・50ｍ、20フィート（約６ｍ）のコンテナを２０４個積むことができる。

「すざく」という船名は、中国の神話に出てくる四神（西の白虎《びゃっこ》、北の玄武、東の青龍、南の朱雀《すざく》）から来ている。日本の南沖の太平洋を航海する船は、常に南から来るうねりに悩まされるという。どんなときでもこのうねりに立ち向かい、大海原を果敢に進む船となるよう、南方を守護する神にあやかって名付けられた。

船が大井埠頭に到着した後、私は実験に参加したＢＥＭＡＣの代表として、東京国際クルーズターミナルで行われる記者会見の場にいた。

「往路で97・４％、復路で99・７％の無人航行率を達成しました」

PORT OF HAKATA

無人運航船「すざく」

ＤＦＦＡＳコンソーシアムの桑原悟プログラムディレクターが登壇し、結果を報告すると、会見場後方に陣取ったカメラの放列から一斉にフラッシュが浴びせられた。

新聞記者やテレビのニュース記者以外にも、情報番組のクルーもいるようだ。マスコミの数の多さが、世間の関心の高さをうかがわせた。

会見もそこそこに、私はクルーズターミナルの中で、２人の若者の姿を探した。ＢＥＭＡＣの代表として４日間、船内で過ごした社員だ。多くの関係者が注目する実証実験で、航行に関する難しい判断を下してきた。

人混みの中で、関係者にねぎらわれている米崎崇浩と山田光起の姿を見つけた。

「よく頑張ったな」

私は２人にそれぞれ声を掛けた。マスク越しではあったが、１週間ほど前に今治のみらい工場で話したときより、少し頼もしい顔つきになったと感じた。

船のＤＸ化は、世界に例のない無人運航船の実証実験をも成功に導いた。海事国の日本にとっても、そしてＢＥＭＡＣにとっても、未来への大きな一歩である。

国道沿いにそびえる「森の扇船」

愛媛県北東部に位置する今治市。日本最大のタオルの生産地として昔から知られているほか、最近ではゆるキャラの「バリィさん」で有名だ。ソウルフードの焼き鳥は、串に刺さずに鉄板で焼くのが特徴で、ご当地グルメとしてじわじわと人気が出ている。

今治市から島伝いに本州まで伸びる「瀬戸内しまなみ海道」は、3本ある本州四国連絡橋の中で唯一、自転車も通行可能。橋の上から芸予諸島の多島美を堪能できることから、世界各地からサイクリストが訪れている。

その今治市の中心市街地から車でおよそ15分、片側2車線の国道196号今治バイパスを走っていると、灰色の三角形をした建物が目に入ってくる。

近未来的なフォルムは見る角度によってイメージが変わり、「特撮番組に出てくるメカ」と言う人もいれば、「秘密基地みたい」と表現する人もいる。

この小高い丘にどっしり構える奇抜な建物こそ、BEMAC株式会社のものづくりの拠点「みらい工場」である。

冒頭で述べた自動運航船や、MaSSAによる「決して止まらない船」など、BEMACによる海の未来のグランドデザインが描かれるファクトリーだ。鉄筋

瀬戸内しまなみ海道

みらい工場外観

コンクリート造り5階建て、敷地面積3万1477㎡、延床面積1万2658㎡。遠近法の加減からか、実際よりも建物が大きく見えるようだ。

この工場のデザインのコンセプトは「森の扇船」。建物を上空から見ると、3枚の三角形の屋根が左右に重なって扇のような形をしているのがよくわかる。建物の頂の部分にはリングがあり、このデザインが秘密基地感を醸し出しているのかもしれない。

扇は、古くから涼をとる道具として使われてきた。工場を扇の形にすることで、「過去と伝統を尊ぶ精神」を表現した。船は「未来と進取に挑戦する精神」であり、言うまでもなくBEMACの事業の象徴だ。この扇の船が森に抱かれ、力強く進むイメージを建物で表した。

私は2006年にBEMACの社長に就任する前から、今治の目立つ場所に奇抜な工場を建てるという構想を温めていた。それは、地元の子どもたちに工場を指さして「あの会社に入りたい」と言われるような建物をつくることであった。

現に、工場が稼働してからは、市内外の小学生たちが遠足で工場見学に訪れてくれるようになった。子どもたちは「そばを通ったことはあるけど、中に入るのは初めて」、「面白い形の建物だ」と目を輝かせてくれる。その狙いは当たったといえよう。

みらい工場は、海事産業のＤＸ化の象徴ともいえる建物だ。この「森の扇船」から、素晴らしい技術を発信し続けたい。

船の電気機器の総合メーカー

船に関する産業をまとめて「海事産業」と呼ぶ。海事産業の中心となるのが商船を建造する造船業だ。ＢＥＭＡＣ本社の近くには、国内最大手の今治造船、自動車運搬船などの高付加価値船と呼ばれる船舶を得意としている新来島どっくといった大きな造船会社が立地している。

造船会社を取り囲むように、多種多様な関連企業が存在する。船を使って物資を運ぶ海運業、船舶に搭載するエンジンやプロペラ、航海用機器などを製造する舶用工業がその代表格だ。それ以外にも、保険会社や銀行など。さまざまな業種が関わっている。それぞれの企業が互いに関係し合いながら、国内外の船を走らせ続けているのだ。

その海事産業の中で、ＢＥＭＡＣは舶用工業の役割を担っている。とりわけ電気機器の総合メーカーとして、船に電気を行き渡らせる配電盤や、船をコントロールする制御盤など、海洋プラントと呼ばれる機器を製造してきた。普段生活していて見かけるものではないが、船を安全に航行する上ではなくてはならないものである。

船に搭載されている機械の多くは、電気によって動いており、配電盤は、電気を船内の隅々にある電気機器に送る役割を担っている。人間で例えると、さまざまな器官に血液を送る心臓のような役割をもつ。

監視盤は、船内に搭載されている各種機器が正常に動作しているかを監視。船舶の安全運航と、より高度な運航管理を行う重要な機器で、船の頭脳と言うことができるだろう。

ＢＥＭＡＣの配電盤、監視盤は、国内における５０００総ｔ以上の建造隻数ベースで、50％を超えるシェアを獲得しており、国内シェアナンバーワン。ＢＥＭＡＣの製品を搭載した現在運航中の船は、世界でおよそ６０００隻にも上る。世界の海をまたにかけながら、海上輸送を影ながらに支えさせていただいている。

守備範囲は製造だけではない。電気工事と機器の納入を一括して行っている。一般的に、船舶用の電気機器メーカーと、それを設置する会社は別であることが多いが、ＢＥＭＡＣは電気機器の設計から据え付け、アフターサービスまで一貫して担当している。

ＢＥＭＡＣが１年間に電気工事を行う船はおよそ１１０隻。工事で使う電線の長さは、なんと８０００㎞にも及ぶ。

船舶の電気工事は特殊で、さまざまな制限のあるスペースで行うため、思っているよりも難しい。経験に裏打ちされた高い技術力があるからこそ、電装工事のプロフェッショナルとして信頼を得ている。

船の電気機器の総合メーカーとして信頼と実績を積んできたＢＥＭＡＣは、新たにみらい工場を建設し、ここを拠点に現在、船のＤＸ化を積極的に進めている。

なぜ、船のＤＸ化なのか？

その答えを出すためには、日本の海事業界を取り巻く課題について考えなくてはならない。船員の不足、地球環境、日本の海事産業の競争力低下――。この三つの大きな課題をＤＸによって解決しなくては、日本の船は止まってしまうこととなる。

まずは船員の不足について。とりわけ、外国人が多く乗船する外航船と比べ、日本国内を航行する内航船は特に深刻な状況だ。

内航船の船員数は、１９７４年の７万１０００人をピークに減少が続き、２０１３年には２万６０００人台と、３分の１程度にまで落ち込んでしまった。

そのため、海運業者は新卒採用やＰＲ活動に力を入れ、女性船員の登用を積極的に進めるなど、さまざまな工夫を行ってきた。国土交通省海事局のデータによると、ここ10年間は微増で推移しており、２０２１年は２万８６２５人と２０００人近く増やすことに成功している。

しかし、楽観視はできない。船員の年齢構成を見てみると、50歳以上が44・６％を占めるなど、高齢化が顕著。漁業の船員に占める50歳以上の割合の35・５％と比べても、事態は深刻である。

船員不足は、日本全体の人口減などさまざまな要因が考えられるが、いちばんの理由は過酷な労働環境による若者の敬遠である。

内航の貨物船では、機関士が３人、航海士が４人の計７人態勢が一般的。３カ月を洋上で過ごし、その後１カ月間、陸上で休暇を取るのが一般的といわれている。まとまった休みが取れる点が魅力的で、実際その部分に引かれて船員になる人もいるが、船上の環境ときつい仕事に耐えられず辞めてしまう人も多いという。

船は大きいイメージがあるかもしれないが、実際に船員が過ごすスペースは窮屈である。ＢＥＭＡＣも参画した日本財団のプロジェクト「ＭＥＧＵＲＩ２０４０」に使用した無人運航船「すざく」の中を見たが、狭い場所に機器をぎゅうぎゅうに詰め込み、その間で船員が生活するというイメージだった。実際に乗船したBEMACの若手社員たちも「横になるスペースもなく、揺れたりして寝ることができませんでした」と話していた。

船上の仕事も多岐にわたる。航海士の場合、他の船との衝突や浅瀬への座礁を防ぐために「ワッチ」という見張り業務を3交代制で行わなければならない。さらに機器がひとたびトラブルを起こせば、故障箇所を根気よく特定した上で、私たちのようなメーカーに問い合わせをして、メンテナンスをしなければいけない。それ以外にも、荷役作業、機器の点検、船内清掃などやることが多く、休憩時間が削られることもしばしばだという。

これらの仕事を、DX化によって少しでも肩代わりできれば、船員の負担は軽減される。さらには7人いる船員を減らすこともでき、自動航行ができるようになることで、究極的には船の無人運航に繋がってゆく。

地球環境の保護の観点からも、DX化は重要だ。

二酸化炭素をはじめとする温室効果ガス（GHG）の影響で、地球温暖化が進行していることが指摘されている。2050年までにGHGの排出量と吸収量を差し引いて、合計を実質ゼロにする「カーボンニュートラル」をめざすことが世界共通の目標となっている。

図表1-1　我が国の船員数の推移

	2012年	2013年	2014年	2015年	2016年	2017年	2018年	2019年	2020年	2021年
外航船員数	2,208	2,263	2,271	2,237	2,188	2,221	2,093	2,174	2,200	2,165
内航船員数	27,219	26,854	27,073	27,490	27,639	27,844	28,142	28,435	28,595	28,625
漁業船員数	21,060	20,359	19,849	19,075	19,055	18,530	17,940	17,469	16,866	15,999
その他	15,514	15,608	14,757	15,482	15,469	15,478	15,678	15,718	16,373	16,586
合計	66,001	65,084	63,950	64,284	64,351	64,073	63,853	63,796	64,034	63,375

（人）

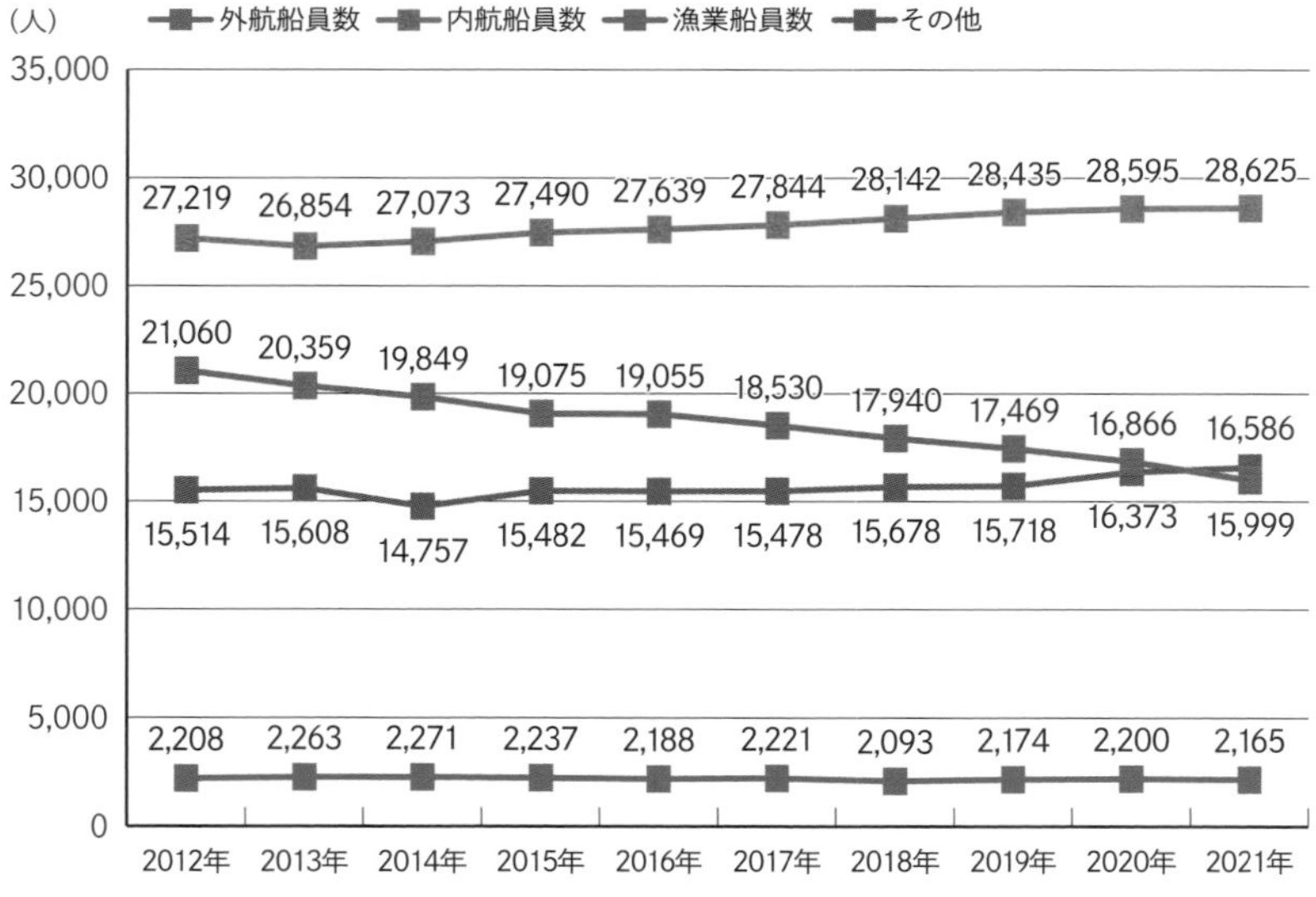

（資料）国土交通省海事局調べ。各年10月1日現在

（注）船員数は、乗組員数と予備船員数を合計したものであり、我が国の船舶所有者に雇用されている船員（外国人を除く）である。その他は、官公署船や港内作業船等他の分野に属さない船員数である。

図表1-2　我が国船員数の分野別年齢構成

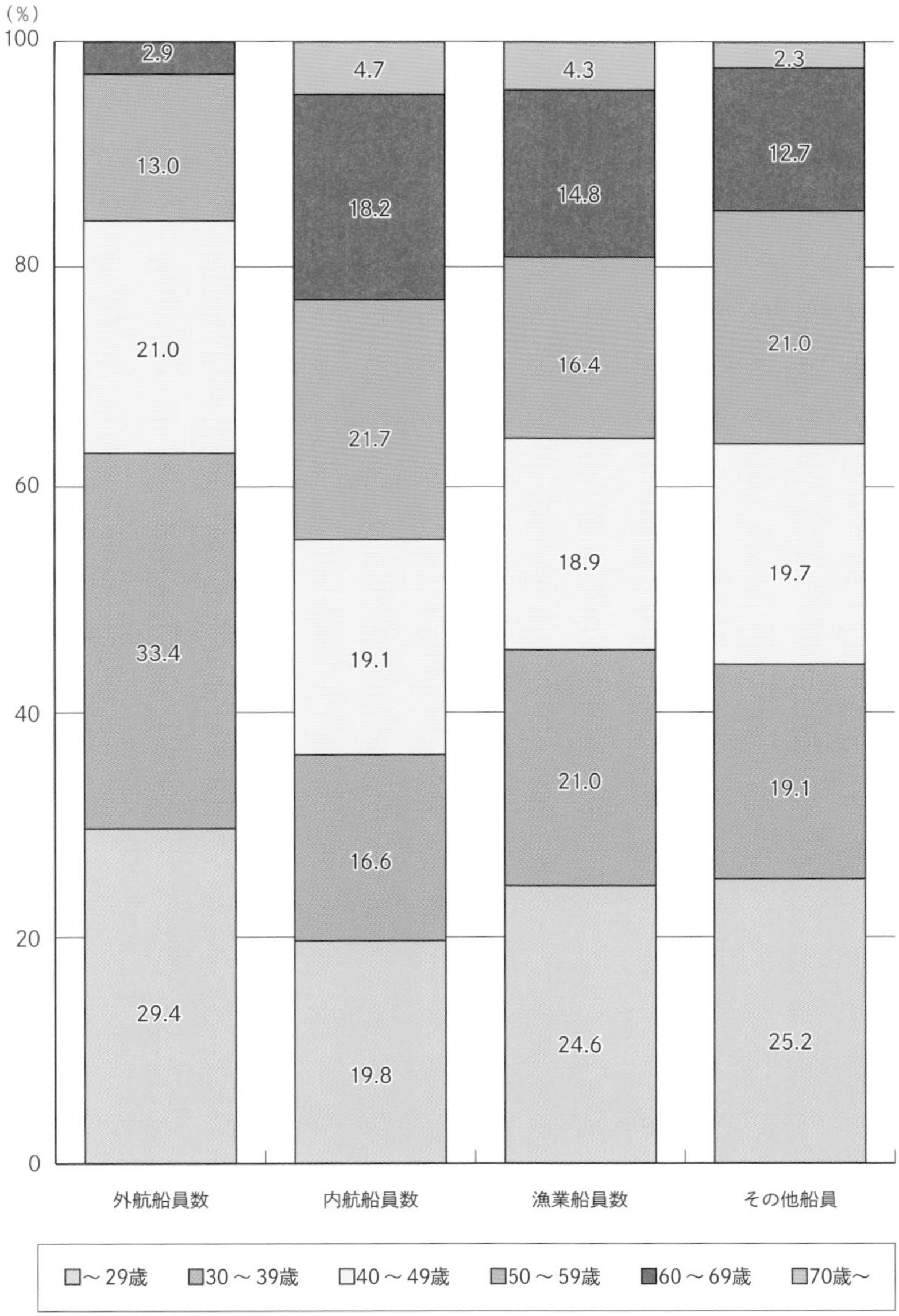

(資料) 国土交通省海事局調べ。R3.10.1 現在
(注) 我が国に所在する船舶所有者に雇用されている船員(外国人を含む) の年齢階層別割合。
その他は、官公署船や作業船等他の分野に属さない船員数。

自動車業界がＥＶの開発、普及によってＧＨＧの排出を抑制しているのと同じように、船においてもＧＨＧの削減は重要な課題だ。

とりわけ荷主や船主からは、ＣＳＲ（企業の社会的責任）の観点から、ＧＨＧの排出が少ない船を求める声が大きくなっている。荷主の場合、例えば鉄鋼業だと製鉄で大量の二酸化炭素を排出せざるを得ないことから、せめて輸送では排出を抑制したいという思惑がある。船主についても、環境にやさしい船を運航することで、株主や顧客へのアピールに繋がっていく。

ＧＨＧの排出が少ない船として、電気推進のほか、ＬＮＧ（液化天然ガス）燃料船、そしてゆくゆくはアンモニア、水素を燃料とする船などを挙げることができる。特に、長年にわたり船舶の電気を手掛けてきたＢＥＭＡＣとしては、ＤＸ化と電気推進をセットで推し進められるのが強みとなっている。

三つめの課題として、海事産業の競争力低下についても触れておきたい。

かつて日本は、世界シェア１位を占める造船王国であった。しかし韓国と中国が力を付け、ここ10年は世界3位の位置にいる。

２０２１年度の建造量ベースでのシェアをみると、中国44％、韓国32％に対し、日本は18％である。

また、ヨーロッパでは、造船業は衰退してきているものの、特に北欧を中心に環境にやさしいゼロエミッション船の開発などで存在感を増しつつあり、GHGの削減に繋がるLNG船においては、ヨーロッパ勢に先行を許している。

日本の船舶業界において、海上輸送というインフラを確実に支える「決して止まらない船」の実現は、日本の造船業、船用工業が自前で行うべきであると私は考える。海事産業が競争力を失えば、国益の大きな喪失に繋がる。

今、船のDX化はここまで進んでいる

そこで掲げたコンセプトが「MaSSA」である。

MaSSAは、THE MAINTENANCE SYSTEM FOR SOUNDNESS SAILING ABILITYの略で、健全な運航能力を維持し続けるシステムという意味。ひと言で言えば、機器のトラブルや海難事故を回避し、船が安全に目的まで到着するのをサポートする。

自動車の場合、ガソリンが少なくなっても、近くにあるガソリンスタンドで気軽に給油することができる。万が一事故に遭ったり、パンクやエンジントラブルで動かなくなったりしても、レッカーサービスが駆けつけてくれて、修理工場ま

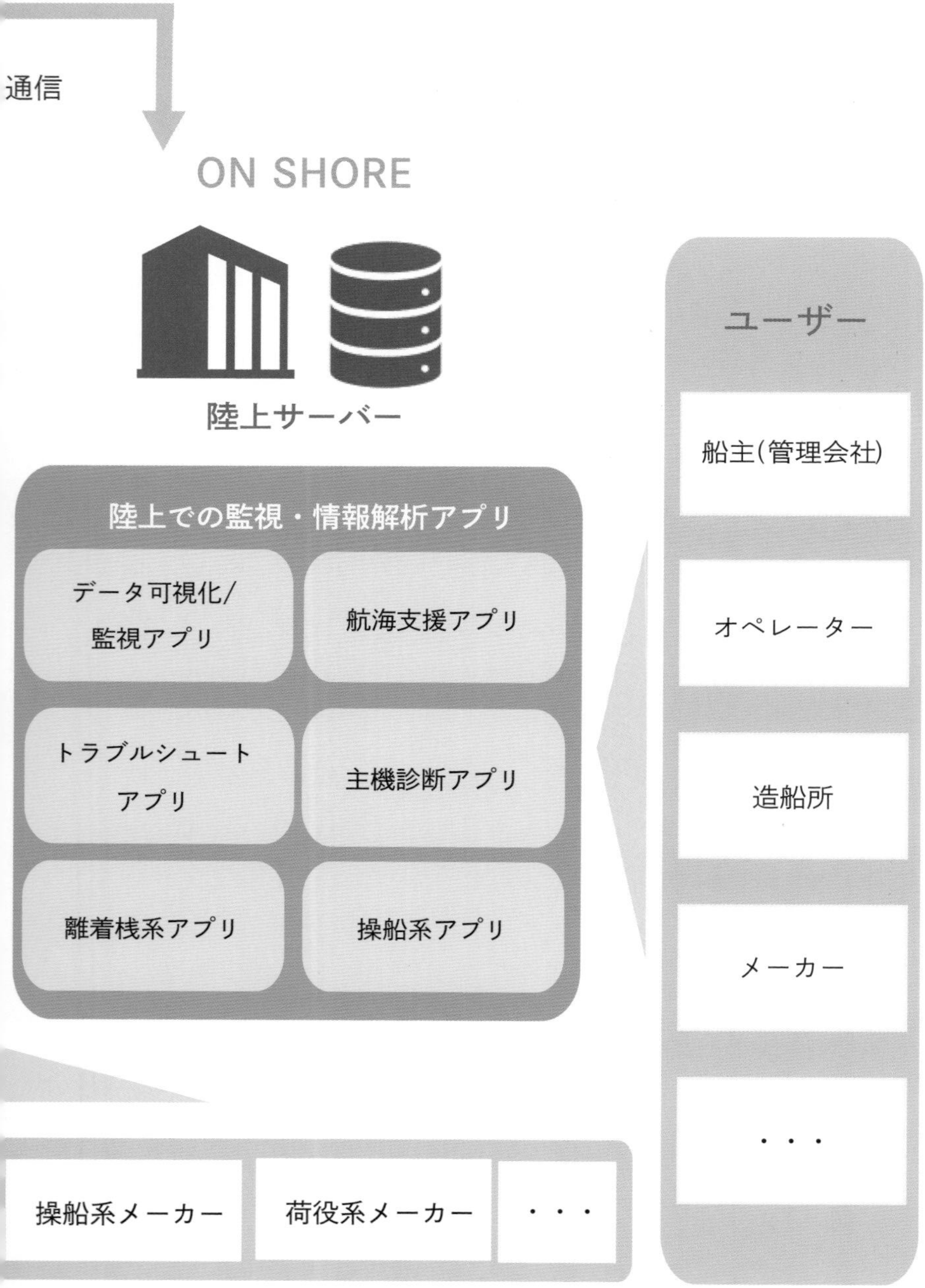
通信
ON SHORE
陸上サーバー
陸上での監視・情報解析アプリ
データ可視化/監視アプリ
航海支援アプリ
トラブルシュートアプリ
主機診断アプリ
離着桟系アプリ
操船系アプリ
ユーザー
船主(管理会社)
オペレーター
造船所
メーカー
・・・
操船系メーカー
荷役系メーカー
・・・

図表1-3　MaSSA-One概念図　MaSSAを実現させる船上・陸上プラットフォーム

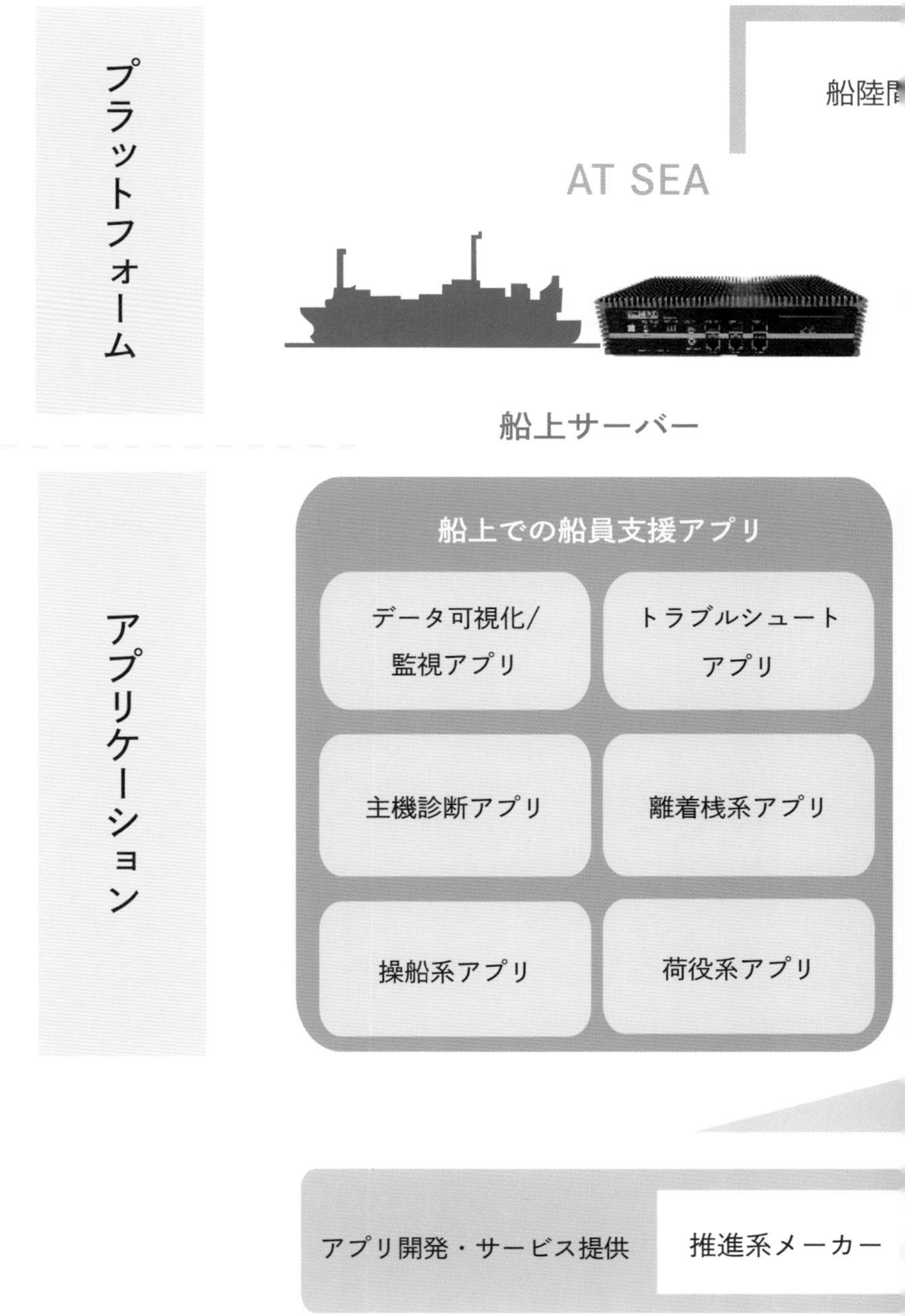

で車を運んでくれる。

ところが船の場合、そうはいかない。

ひとたび船が事故やトラブルを起こすと、車と違い、洋上で船員たち自身がトラブルの要因を特定し対処する必要があり、解決までかなりの時間がかかる。積み荷の運搬が遅れることで多大なペナルティーを請求されるリスクも負う。

それだけではない。例えばスエズ運河やパナマ運河などで事故を起こして立ち往生した場合、長期間、物流に大きな影響を及ぼす。また、座礁で油などが流出すれば海洋汚染を引き起こし、環境や生態系を大きく崩すことになる。

ＭａＳＳＡは、ＩｏＴとＡＩの力により、これらの事故を未然に防ぐことで「決して止まらない船」を実現する。


ＭａＳＳＡは、三つのステップを想定しており、現在第1段階の「MaSSA-One」をリリースさせている。

大まかな仕組みはこうだ。

「MaSSA-One」では、機関、航海、荷役など、船舶に関するあらゆる情報をデータサーバーが収集。その情報は船内で見ることができる。

船の機器にトラブルが発生した場合、海運業者や舶用メーカーなどに自動でトラブルに関するデータを送信する。このデータを基にメーカーが原因を解析し、陸上から船に対して迅速に復旧手順を提案、指示することができる。

仮に船員が復旧作業の手順を間違ったとしても、ＡＩが自動でバックアップを用意。起こりうる事態はすべて予測し、注意喚起を行う。

また、専用のアプリケーションを使えば、陸上にいながら船舶の様子をリアルタイムに把握でき、トラブルを未然に防ぐことも可能。さらに、機器に不具合が発生した場合、ＡＩが過去の蓄積事例から不具合の発生原因を突き止め、最善の解決策を提案することもできる。

アプリケーションは船によって必要なものだけをピックアップして利用することも可能で、今後も新たなアプリケーションの開発を進め、次々とリリースしていく予定だ。

情報が可視化され、解決策がわかりやすく提示されることから、船に関する専門知識がなくても、誰もが船内の情報を直感的に感じることができる。これにより、船舶に乗り組む船員の仕事を軽減することが可能となる。

第2ステップの「MaSSA-Two」では、異なるメーカーの機器と機器をデジタルの力で統合する「サブシステム」の開発を推進する予定。今のところの完成形である第3ステップ「MaSSA-Three」では、舶用機器を高度に融合し、陸にいながら船上と同じように操船ができるようにしていきたいと考えている。船員の数を減らし、究極的にはキャプテンなしでの航行もできるようにする。

この無人運航船の実用化は、近い将来に実現しそうなところまで来ている。船の無人運航にはさまざまな高いハードルがある。ハンドルやブレーキが付いている自動車と異なり、他の船や障害物が現れても瞬時に避けることは難しいなどの支障があるからだ。

それらの課題解決をめざし、無人運航船の実用化に最も近づいているといわれるプロジェクトが、日本財団による「MEGURI2040」だ。

MEGURI2040では、2025年までに無人運航船の実用化をめざし、さらに2040年までに内航船（日本国内を航行する船）の50%を無人運航船にするという目標を掲げている。

現在、造船業、海運業、舶用工業、それに通信など海事産業以外の企業が集まり、五つの共同企業体（コンソーシアム）を結成。船が行き交う輻輳《ふくそう》海域での無人運航監視や遠隔操船、水陸両用無人運転技術の開発、小型観光船の無人化などの実証実験を行っている。

このうちＢＥＭＡＣは、輻輳海域での無人運航をめざすコンソーシアムに参画し、桟橋を自動で離れたり着いたりするシステム、陸から遠隔で運航管理するシステムなどを提供。混雑の激しい東京湾での無人運航に世界で初めて成功した。

自動車や航空機、そして鉄道などと比べ、スポットライトを浴びる機会が少ない船であるが、御多分に漏れずＤＸ化が進み、ひと昔前には想像もつかなかったところまで進化をとげている。海事産業にもっと目を向けてもらい、若くて優秀な人材がさらに活躍してくれることを願っている。

コラム1　優秀な人材を育むイノベーションの拠点

「驀進ベース」の建設を決意した理由

ＢＥＭＡＣという社名には、従来の枠にとらわれないさまざまな仕事で社会に貢献するという意味を込めた。光を究めることで、ＥＶへの挑戦や海外進出、そして「決して止まらない船」を実現させるＭａＳＳＡに取り組んできた。

このＢＥＭＡＣの理念を実現するのは、言うまでもなく人である。本書を出す理由の一つとして、船のＤＸ化がどこまで進んでいるか、止まらない船の実現による海事産業の可能性を広く紹介し、業界に興味や関心をもってくれる人を一人でも多く増やしたいことがある。

優秀な人材を国内外から集め、イノベーションを起こしたい——。そんな気持ちから２０２２年に整備したのが、独身寮「驀進《ばくしん》ベース」だ。

倉庫や工場をイメージしたブルックリンスタイルの外観が特徴。専門書や自己啓発書など６００冊の本をいつでも読むことができるライブラリーやスタディー

驀進ベース外観

.1"N 132° 57'12.3"E

スペース、トレーニングルームやキッチンスタジオ、陽光がいっぱいに当たるテラスベースなど、独身寮とは思えないほどの施設を整備している。「スエズ」と名付けた大型会議室や、テレワークオフィスを設け、新型コロナウイルスのパンデミックが起きても、みらい工場と別に分散稼働できるようにしている。

豪華すぎるともいわれる独身寮の建設を決意した理由は何か。

海外進出、船のDX化などにより年々フィールドが拡大しているBEMACは、ここ数年、積極的に人材を採用し続けている。2018年からの4年間の採用者数は、新卒、中途を含めて、ざっと450人にのぼる。

かつて社員は地元の愛媛県出身者や、他県から愛媛大学や松山大学などに進学してきた人がほとんどだったが、現在は40数%が県外、海外出身者だ。

データサイエンティストら多様な人材を集めるべく、2018年には東京都心に研究開発組織「東京データラボ」を設けているが、本社がある今治は、既存の独身寮が手狭で老朽化しており、環境整備が課題となっていた。

もう一つの理由が、優秀な若手が互いに刺激し合い、共に成長していくことによるイノベーションの創出だ。打ち出したコンセプトは「和製プチシリコンバ

重厚感のある正面玄関

1Fの入口から食堂へ

レー」。ハイテクとイノベーションの集積地となっているアメリカ・シリコンバレーにちなんでいる。

刺激をもたらすために、入居者はBEMACに限っていないのが大きな特徴だ。近隣企業からこれぞという人材を推薦してもらい、居室を提供している。元サッカー日本代表監督の岡田武史さんが代表を務めるクラブチーム・FC今治の選手も入居している。

中央の吹き抜け部分にある「ナレッジウォール（知の壁）」には、ジョブズやザッカーバーグら、イノベーションを起こした賢人たちの写真と言葉を掲げている。

スタディースペースやキッチンスタジオなど交流できる施設も充実させることで、新型コロナウイルスの収束後には、外部の人材も招くなどして地域交流を図ることができればとも考えている。

社員一人ひとりが能力以上に、どれだけ高い次元でモチベーションを保つことができるのかが、会社にとって力になると考えている。そのためにあらゆることをするのが社長を務める私の重要な役割。驀進ベースの整備もその一つだ。

人間には、働くことによって成果を出し、社会に貢献したいという基本的な欲

部屋の中心にバスルームとトイレ、キッチンを配した間取り

キッチンには冷蔵庫、そして洗濯機が据え付けられている

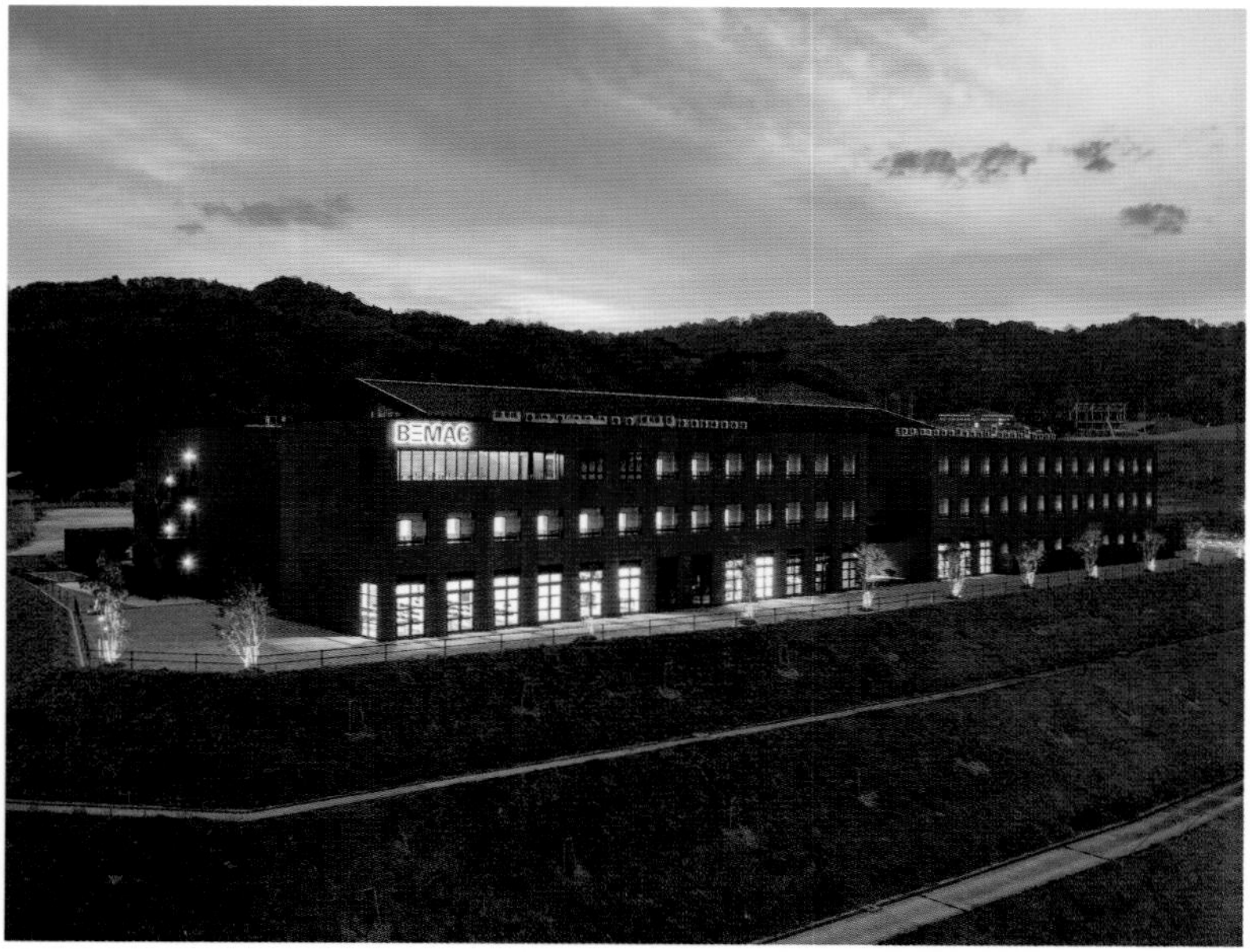
BEMAC

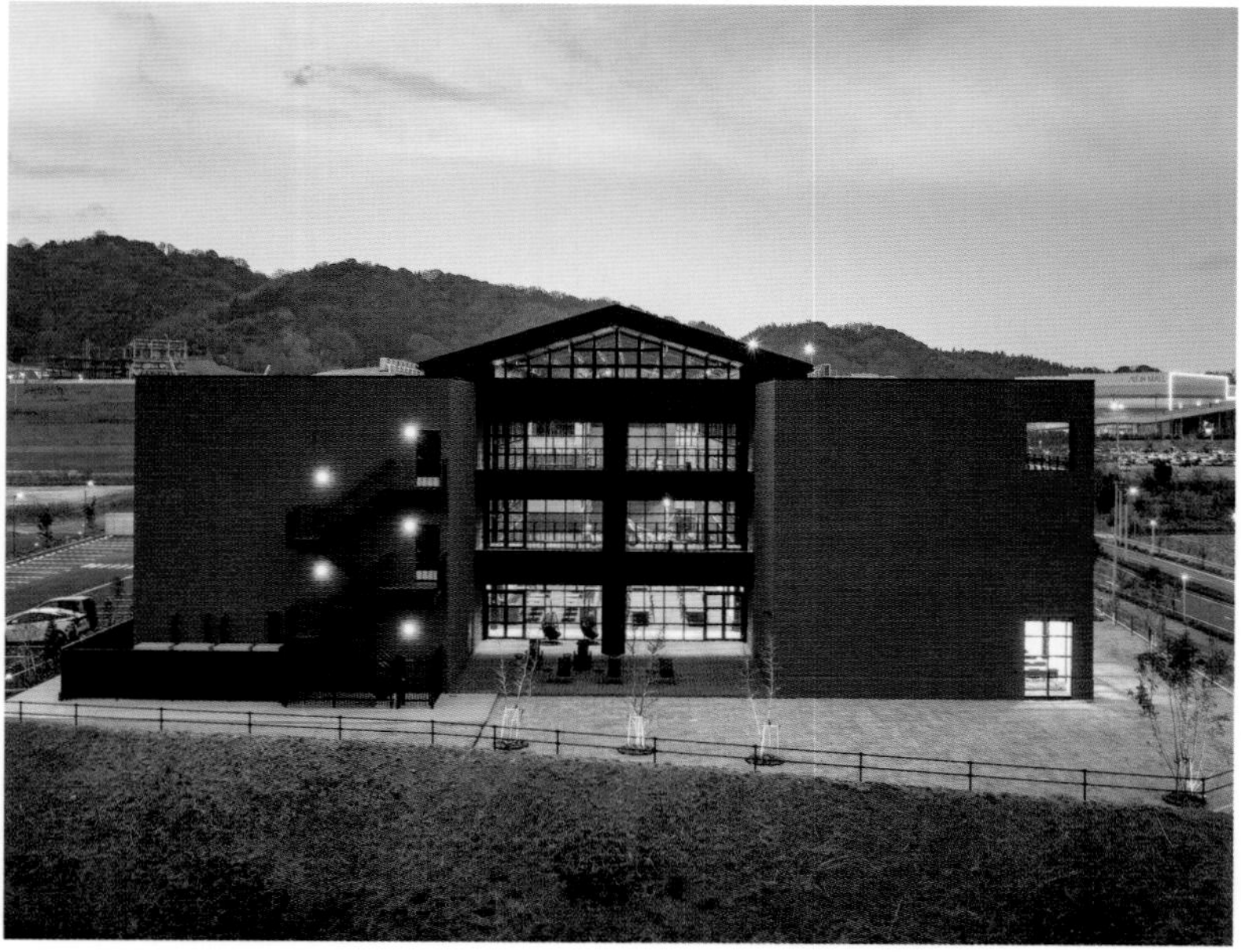

求があると考えている。個人の能力を最大限に生かせ、創造性を発揮できる職場は、企業の成長と共に社員の人間性向上にも繋がる。

社員一人ひとりの個性である「働く野性心（Working Wild Mind）」を呼び起こし、それを集結することでシナジー効果を発揮し、社会に貢献することができると確信している。この驀進ベースが、新たなイノベーションの拠点となることを願っている。

第2章

「MEGURI2040」実証実験のメンバーとして

世界有数の輻輳海域を航行した自動運航船

ＢＥＭＡＣが参画した日本財団の無人運航船プロジェクト「ＭＥＧＵＲＩ２０４０」。世界一の輻輳《ふくそう》海域ともいわれる東京湾から伊勢湾までの間を無人運航で往復するという壮大な挑戦の成功の陰には、最新鋭の技術はもちろん、若手社員の奮闘があった。

実証実験を間近に控えた2月21日、当時入社4年目だった山田光起は神戸の六甲アイランドにいた。無人運航船「すざく」にコンテナを積む作業に立ち会うためであった。

島根県出身の山田は、愛媛大学を卒業後、２０１８年に入社したばかりの若手。船の機関を陸上で遠隔監視する「ＩＡＳ」の研究要員として、この1年前から実証実験に参加している。

山田が入社した年は、「決して止まらない船」のコンセプトであるＭａＳＳＡを発表したり、データサイエンスの拠点である東京データラボを開設したりと、ＢＥＭＡＣにとっては将来に向けた節目の年であった。山田が入社した時点で、すでに船のＤＸ化は当たり前の風潮となっており、彼はいわば、ＢＥＭＡＣのデジタルネイティブ世代ということができる。

「出航の前は、こんなに慌ただしいのか」

積み込み作業に忙しく動き回る作業員に、山田は挨拶をするのもはばかられ、一人ぽつねんと作業を見守るしかなかった。

コンテナの中のいくつかは、自動運航に必要な機材が入っていたが、他は空っぽである。運ぶものがないなら搭載しなくてもよいと思うかもしれない。しかしこの実証実験の究極的な目標は、営業運航する船に実装し、実用化をめざすものである。そのために通常の貨物船と同様、コンテナを積むのは必須であった。

「松阪からは米崎さんが乗ってくるはずだ」

コンテナ船は六甲アイランドを静かに出港した。


すざくは神戸を出港後、紀伊半島沖を進み、いったん、実証実験の折り返し地点である三重県・津松阪港に寄港。ここまでは普通の船同様、船長が手動で航行させる。そこから予行演習を兼ねて、自動運航で東京まで向かう。

そして2月26日から3月1日にかけ、東京湾―伊勢湾間の往復790㎞を実証運航する。乗り込むのは米崎、山田を含め、DFFASのメンバー約20人。ただし、現行法令では最低限の船員を搭乗させることが義務づけられているため、船

すざく航路マップ

長や船員が乗ってワッチ（見張り）など最低限の任務に当たる。

船は東京・幕張に設置された陸上支援センターで監視、支援する。通常は洋上の船員が行う気象情報、海の様子を一度陸上に集め、分析ののちすざくにフィードバック。無人運航に支障をきたす場合、まずは陸上支援センターから遠隔操船を行う。

支援センターの中は、さながら宇宙船のコックピットのようなデザイン。LEDのラインが張り巡らされ、平常時は緑、警報時は赤といったように無人運航システムの状況を色で表すようになっている。キャプテンの座席の前には、大小さまざまなモニターが据え付けられ、あらゆる情報を瞬時に把握できるようになっている。

23日午後7時、津松阪港を出航。米崎崇浩が予定通り乗船してきた。米崎はみらい工場ができた2010年にBEMACに入社。岸壁を離れた直後と着岸する直前の自動運航を司る「自動離着桟制御システム」の開発チームに所属してきた。山田とともにBEMAC代表としてすざくの乗組要員に抜擢《ばってき》された。

松阪では風が強かった。

「本当に自動で走ってくれるのか」

米崎崇浩　イノベーション本部
ITシステムグループ

山田光起　イノベーション本部
ITシステムグループ

岸壁で乗船を待つ米崎に、冬の冷たい風が容赦なく吹き付け、不安をかき立てていった。彼は、この実証実験で重大な判断を任されることになるのだが、この当時は知るよしもなかった。

船は無事、翌24日の午後1時に東京湾に到着。1日のオフを経て、26日はいよいよ本番だ。

実証実験当日。

スタートの東京国際クルーズターミナルには、多くのマスコミが詰めかけていた。すざくを新聞社のカメラやテレビカメラが囲み、中には船内に入ってじっくりと映像に収めるマスコミもいた。

「すごく大きな仕事をやっているんだ」

大勢のマスコミを見て、米崎は、朝から気持ちの高ぶりを抑えられずにいた。

「コンテナ、船橋、すべてスタンバイOK。航路が決まって、あとは出航するのみ」

DFFASの桑原ディレクターの声が響く。26日午後3時、私たちの夢を乗せた船が、とうとう動き出した。

自動運航は2段階にわたって切り替えられる。離岸してすぐは、BEMACが担当した自動離着桟制御システムが作動。外海に出ると、こんどは他社の開発したオートパイロットシステムに切り替わる。そして着岸時、再びＢＥＭＡＣのシステムが作動する。

すざくが岸壁を離れて間もなく、進路上に複数の船舶が現れ始めた。船内は一気にピリピリした雰囲気に包まれた。

米崎と山田が船から外を見ると、前方にすざくよりもひと回り大きなコンテナ船がいるのをはっきりと確認できた。２００ｍ先か、３００ｍ先か。海で距離感はつかみにくかったが、よけなければぶつかってしまうことは明白であった。

「このままだとまずい」

山田は少し不安に感じた。

すざくは、レーダーやカメラなどで他の船の位置のほか、海を浮遊する障害物の有無、風などの気象情報を集め、ソフトウエアが航路を決め、回避行動などの判断を行う。

この時も、陸上のシステムが新しいルートを提案。これを受けて、すざくは自らの意思で航路を修正していった。

船内にもＤＦＦＡＳの参加企業が持ち寄ったさまざまな機器が搭載されている。自船と他船の位置を表示する、電子版の海図のようなモニターの前には人だかりができ、すざくが他船を避けて通る様子を見つめていた。

「かわした、かわした」

「きれいによけてるよ」

「うまいですね」

ＤＦＦＡＳメンバーの安心した声が船内を満たしていった。


船内の緊張感が解けたのもつかの間、すざくは浦賀水道に差し掛かった。房総半島と三浦半島に挟まれた要所で、古来から、航海の難所として知られている。幕末の黒船来航により日本が世界に門戸を広げた際、我が国初の洋式灯台が設置されたのもここであった。最も狭いところは６・５㎞しかない海の隘路《あいろ》を、１日大小約５００隻の船が行き交う。

すざくは自ら船体をよじるかのようにして、混雑した航路を縫っていった。

そして浦賀水道を突破、東京湾から太平洋に差し掛かった。船がめざす西の空に、太陽が沈もうとしていた。

「出たねー」

陸上支援センターから伝わるうれしそうな声が、船内に伝えられた。

その後もすざくは、その名に恥じることなく、南からの波をものともせずに夜の太平洋上を順調に進んでいった。

そして三重県神島と渥美半島に挟まれた伊良湖水道を抜け、伊勢湾に進入。ほぼ予定通りの翌27日午後1時、津松阪港に着岸した。


一方、今治では、2人の社員が洋上の2人を案じていた。

米崎の上司として、自動離着桟制御システムの開発で中心的役割を果たしてきたイノベーション本部・ITシステムグループ長の沖原崇、そして山田とともにIASの開発に魂を注いだ特命MPデジタル推進室課長の川崎裕之である。

沖原はBEMACによる船のDX化にゼロから取り組んできた人物だ。海外の文献をくまなくあさったり、大学との共同研究を積極的に進めたりと、その努力と行動力には頭が下がる。

海の上で波や風の影響を受けずに定点停止ができる「ダイナミック・ポジショニング・システム（DPS）」の開発に取り組み、今回の実証実験ではDPSを応用して自動離着桟制御システムを構築した。

DFFASのメンバーはコミュニケーションソフトでやり取りをしていたが、実証実験の期間中、沖原はチャットの画面から目を離さなかった。

「ああ、よかった」
米崎から報告が上がるたび、沖原は胸をなで下ろしていた。うまく離岸、着岸したかが心配で、ドキドキしながら連絡を待っていたのであった。

主にソフトウエアの開発に取り組んできた川崎は、今回の実証実験のいちばんのキーマンだ。今回の実証実験で主導的な役割を果たした日本郵船の関連会社・MTIに3年間出向し、無人運航船の共同研究に従事してきた。

彼は非常に積極的であり、夢や目標をはっきりともった人物。出向期間中、同じ目的に取り組む研究者と人間関係を築き「川崎さんがいるなら、ぜひBEMACさんも」ということで、今回の実証実験の参画に繋がった。

携帯電話を肌身離さず持っていた沖原に対し、川崎は実証実験で船が走っていた夜も、平然と普通に家で寝ていたという。それでも、船上にいた後輩の心情を次のようにおもんばかっていた。

「すざくには他社のさまざまな人が乗っていましたし、陸では偉い人も含め、多くの関係者が期待のまなざしで実験を見ています。米崎君にしろ、山田君にしろ、船の中では相当なプレッシャーがかかっていたと思いますよ。2人に比べたら、私なんて全然気楽なものです」

川崎裕之　特命MPデジタル推進室課長

28日午前11時、すざくはふたたび津松阪港を出港した。復路の実証実験の始まりである。

到着時刻は翌日の3月1日早朝。往路は西から東へ流れる黒潮に逆らうため、22時間以上かかったのに対し、復路は黒潮に乗るので2時間ほど航海時間が短くなる。

「DFFASスイッチ、オンッ！」

前日の順調な航海を反映してか、自動運航に切り替える声も心なしか明るかった。

しかし、浦賀水道と並ぶ隘路である伊良湖水道では、再び緊張感が高まった。対向する船、追い越す船、停泊中の船と、さまざまな動きをする船に四方八方から囲まれた。

「Start　Calculation（計算開始）」

船に囲まれるたびに女性の電子音声が流れ、システムが新たな航路を計算し、提案していく。

「Route accepted（ルートが承認されました）」

船が変針を開始。画面に表示される船の位置と、すざくの取るべき進路は、刻々と変わっていった。すざくに限らず、船は24時間運航する。当然、夜でも他船に進路を阻まれることもある。

米崎と山田は、夜の海を眺めた。進路を阻んだ船だろうか、航海灯がぽつぽつと見える。外に出てみようとも思ったが、危なそうなのでやめた。

しかし船内には、横になれるようなところはなかった。すざくは、既存のコンテナ船を自動運航に対応できるようにした船であり、すでにある機器にプラスして自動運航に関するさまざまな装置が搭載されているため、船内は決して広くはない。

「あと1日だ。すざくが何とかしてくれるよ」

夜が明ければ、いよいよ東京湾だ。

3月1日、実証実験最終日。すざくが東京湾に戻ってきた。まだ日が明け切らない午前5時30分、船の司令所に当たるブリッジに、白いウインドブレーカー姿の米崎の姿があった。これまでにない緊張の面持ちで、外を見つめていた。

最後は、BEMACが担当した自動離着桟制御システムで、船を着岸させることになっている。無人運航の実証実験のハイライトであり、BEMAC最大の見せ場であった。

しかし、ここで予想外の事態が発生した。

最終目的地である大井水産物埠頭への着岸ルートが、気象状況や他船の状況により、自動運航によって変更となったのである。

ルート変更の最終判断は、受け持ちであるBEMACに委ねられることとなった。

「ちょっと右に振ったルートです。これで行きますか」

陸上支援センターから問われる。

船内にいるすべてのDFFASスタッフの視線が、米崎に集まった。

「僕がOK出したら、全部決まっちゃうんだな」

〝失敗〟という最悪の2文字が頭をよぎった。

「どう?」

陸上支援センターから返事の催促が来る。

「米崎さん!」

「米ちゃん!」

無人運航船という共通の目標に向かって共に研究を重ね、船上で寝食を共にしてきた仲間が声を掛ける。

もう誰も助けてくれない。BEMACの代表として、そしてDFFASの代表

自動運航により東京港に接岸する「すざく」

として、米崎が判断を下さなくてはならなかった。

「行きましょう」

極度の緊張で喉はカラカラに涸《か》れ、声はかすれていた。

「えっ？」

陸上支援センターに、米崎の声が聞こえなかったらしい。

「米崎が行きましょうって言っています」と船上の誰かが伝えてくれた。

モニターを険しい目で見つめていた陸上支援センターの桑原ディレクターは、若い米崎の判断と知り、とたんに笑顔となった。

「おー」

「よしっ」

千葉・幕張の陸上支援センターが歓声と拍手に包まれる。すざくの船内と一つになっていた。

それからすざくは、米崎の判断に忠実に、埠頭にゆっくりと近づいていった。

「これ、完璧じゃないか」

「全然十分だよね」

あまりの見事な接岸の様子に、スタッフたちは驚嘆の声を上げた。

すざくが船体を振り、岸壁に完璧に並行となったところで、自動運航のスイッチが切られた。

午後6時38分、無事着岸。

重圧から解放された米崎に、こみ上げてくるものがあった。

2040年に国内船の50%を無人化する

世界に先駆けて内航船における無人運航の実証試験を成功させたプロジェクト「MEGURI2040」は、無人運航船に関する分野の技術開発を進め、我が国の物流や経済、社会基盤の変革を促進することを狙いとしている。

掲げる目標は、2025年までに無人運航船を実用化すること、そして2040年までに50%の船を無人運航船にすることである。

自動車では、かねてより無人運転の実証実験が進められている一方で、船については、システム開発で莫大な資金が必要なこともあり、無人運航船の開発はほとんど行われていなかった。

しかし、海運でも、さまざまな課題により、無人運航船の開発が求められている。

その一つが、内航船の深刻な船員不足。1章で説明したとおり、日本の内航船の船員数はピーク時の4割程度で、高齢化も顕著だ。

船の無人化、自動化により、喫緊の課題である船員不足の大きな解決策の一つになる。それだけでなく、物流に限らず、航路の存続が危ぶまれている小さな有人離島への交通も維持することが期待できる。

無人運航が実現することで、流通、人、コスト、交通などのMEGURI（循環）がよくなり、便利になる――。MEGURI2040というプロジェクト名には、このような思いが込められている。

海事産業での国際競争を優位に進める点でも、無人運航船の意義は深い。

フィンランドでは、陸上からのオペレーションによるフェリーの自律運航の実証実験が2018年に行われている。これに対し、日本は船の無人化に向けた取り組みはまだ緒に就いたばかりだ。このままでは、無人運航船が世界で普及したとしても、国際基準化、標準化の主導権を握れないままになってしまう。

造船や舶用工業において、基準化、標準化の主導権を握ることは大切である。

船は、法律以外にも、船級と呼ばれる基準に関するルールによって規格が定められている。船級は、世界各地に存在する船級協会が国際条約に沿って独自に作成する。

ルールが新しくできたり、あるいは既存のルールが改正されたりする際、舶用メーカーは船級協会の委員として意見を出したりすることがあるからだ。また、ルール改正の情報を素早くキャッチすることで、競争を有利に進めることができる。

無人運航船もしかりで、他国がルールを決めてしまえば、日本の造船会社や舶用メーカーは他国の土俵で製品を作らざるを得なくなる。

後れを取った日本に付け入る隙が無いかといえば、そうでもない。先のフィンランドの実験では、短距離だったこともあり、実用化の見通しはまだ立っていない。技術的には無人運航に成功したが、海運業者など船のユーザーを満足させる結果が出ていないようだ。

船への実装という面では、日本にも世界に先んじるチャンスがまだ残っている。

経済の変革も期待されている。

2018年6月に日本財団で「無人運航船がもたらす将来図にかかる検討委員会」が発足した。座長は夏野剛・慶應義塾大学特別招聘教授。NTTドコモで「iモード」を立ち上げたメンバーの一人だ。

この委員会では、2040年には内航船の約50%が無人運航化された場合、年間約1兆円の経済効果があると試算。海運業そのものや船舶の建造（舶用工業も含む）、船舶の修繕・メンテナンスなど海事関係が約6600億円を占めるほか、情報通信、金融・保険、地域サービスなど、さまざまな産業に効果が波及すると報告している。

ＭＥＧＵＲＩ２０４０は、五つの実証実験によって構成されている。

２０１９年10月から11月にかけ、コンソーシアムを募集。翌２０２０年６月に実証実験を担う五つのコンソーシアムが発表された。

ＢＥＭＡＣが参加した「無人運航船の未来創造～多様な専門家で描くグランド・デザイン～」。世界初の輻輳機関でのコンテナ船による無人運航を実現させた。当初、東京湾から北海道の苫小牧港というルートなども考えられていたが、より混雑した伊勢湾となった。

このほか、「内航コンテナ船とカーフェリーに拠る無人化技術実証実験」は、フェリーでの自律操船に成功したほか、ドローンを用いたコンテナ船の係船支援の開発も実施。「水陸両用無人運転技術の開発～八ッ場スマートモビリティ～」は水陸両用船、「無人運航船＠横須賀市猿島プロジェクト」は小型観光船で、それぞれ無人運航に挑戦している。

「スマートフェリーの開発」では、新門司―横須賀間を運航するフェリーで、無人運航を実現するシステムを搭載した新造船を建造、開発を進める。

図表2-1「MEGURI2040」5つのコンソーシアム

出典：無人運航船プロジェクト「MEGURI2040」
（https://www.nippon-foundation.or.jp/what/projects/meguri2040）

２０２１年度までの５事業を合わせた事業費は総額約88億円で、そのうち74億円を日本財団が助成した。もちろん参加企業も応分の負担をしており、ＢＥＭＡＣも〝未来への投資〟として支出を決めた。

約60社の叡智が集結したＤＦＦＡＳ

東京湾─伊勢湾で無人運航船「すざく」の実証実験を行ったコンソーシアム「ＤＦＦＡＳ」。Designing the Future of Full Autonomous Ship の略で、完全自動運航船の未来をデザインするという意味だ。

この名前には、実証実験を一過性の取り組みとして終わらせないという強い思いが込められている。プロジェクトが始まってからこれまで、実証実験の成功が最終目的ではなく、あくまで実用化、社会実装をめざしていくことを強く意識している。

つまり、技術の標準化、システム全体の危険因子を分析するリスクアセスメントに基づく安全基準の策定、法令や保険をめぐる課題の洗い出しをしっかり行うこととした。

海運や造船、舶用工業などの従来の海事クラスターのみならず、ＩＣＴ、ＡＩ、通信などの異分野と連携することとなり、参加企業は多岐にわたった。

ＢＥＭＡＣを含むコアメンバーだけでも30社、さらに協力企業・大学などの研究機関、船舶の安全性を評価する船級協会などの関連組織を合わせると構成メンバーは約60社にものぼる。ＭＥＧＵＲＩ２０４０の五つのコンソーシアムの中では、群を抜いた規模だ。

その取りまとめを務めたのは、海事コンサルティングなどを営む日本海洋科学。川崎が出向していたＭＴＩと同様、日本郵船の関連会社である。

すざくをオペレーションしたのは、山口県周南市の船舶管理会社・イコーズ。すざくは実際にイコーズで使われているコンテナ船で、この船をよく知り尽くしているイコーズのメンバーが乗り組んだ。

その他のＤＦＦＡＳのコアメンバーは図表（Ｐ63）の通りである。海運業、造船会社、舶用メーカーなどの海事産業がそろっている。ＢＥＭＡＣ以外にも、魚群探知機や船舶無線などを得意とする舶用メーカーが複数入っている。

特徴的なのは、海事産業以外の企業が多数入っていることだ。通信系の会社は、すざくと陸上支援センターを結ぶ回線などを担当。近海はＮＴＴドコモの携帯電話の電波を、沖合ではスカパーＪＳＡＴの衛星通信回線を用いた。

保険会社の三井住友海上火災保険、シンクタンクの三菱総合研究所などはリスクアセスメントを担当。気象情報会社のウェザーニューズなども加わり、安全運航を支援した。

異業種、異分野の企業が結集したＤＦＦＡＳ。各企業に所属する様々な人を巻き込んで自由に開かれた討論をすることで、新しいひらめきを見つけていく「オープンイノベーション」体制で無人運航システムの開発を進めていった。

川崎は、オープンイノベーションについて「餅は餅屋」というわかりやすい言葉で表現している。そしてその意義と議論の様子について、次のように話す。

「船に乗っている人を減らすということは、普通に考えたら安全性が下がります。しかし私たちは、無人運航でも安全性は下げないことをめざしています。この矛盾をどうやって技術の力で埋め合わせるかというのが、ＤＦＦＡＳの大きな目標。そのために、ＢＥＭＡＣだと電気関係、三浦工業さんだとボイラーといったように、得意な分野について、意見を出し合い、それを互いに尊重するようにしました。

全体の会議は月に1回程度でしたが、最初の基本コンセプトや仕様を詰める段階では、毎週会議を開いていました。みんなそれぞれ思いや技術を持っていて、競合他社で参加しているところもあるので、取りまとめ役の日本海洋科学さんは骨を折られたと思います」

図表2-2　DFFAS参画企業30社

日本海洋科学（代表）	東京海上日動火災保険
イコーズ	東京計器
ウェザーニューズ	ナブテスコ
EIZO	NX海運
MTI	日本郵船
日本電信電話	日本シップヤード
NTTドコモ	日本無線
NTTコミュニケーションズ	BEMAC
近海郵船	pluszero
サンフレム	古野電気
三和ドック	本田重工業
ジャパンハムワージ	三浦工業
ジャパン　マリンユナイテッド	三井住友海上火災保険
スカパーJSAT	三菱総合研究所
鈴与海運	YDKテクノロジーズ

開発の手順は、いわゆる「V字モデル」といわれる方法で進めていった。はじめに基本コンセプトや仕様を策定し、基本設計、詳細設計と進め、実装を行う。その後、単体試験で詳細設計ができているかを確認し、統合・機能試験で基本設計を満たしているかをチェック。最後に全体試験でコンセプト通りのシステムができているかをテストした。

システムコンセプトは、システムを使うユーザーと、人間の心理や認知の専門家が話し合って構築。このコンセプトをもとに、7つの開発チームが分担してシステムを設計、制作した。

自律航行を司る船舶側のシステムとして自動航行機能、制御機能の2チーム、情報の収集、監視、分析や遠隔操船を行う陸上側のシステムとして、陸上支援センター、遠隔操船機能、遠隔機関機能、情報管理機能の4チーム、これに加え船と陸を結ぶ通信インフラのチームがつくられた。

さらに、技術の標準化、システム全体の危険因子を分析するリスクアセスメントチームも設置した。

BEMACはこのうち、船舶側の制御機能、陸上側の遠隔機関機能、情報管理機能の3チームに参画した。

図表2-3　V字モデル

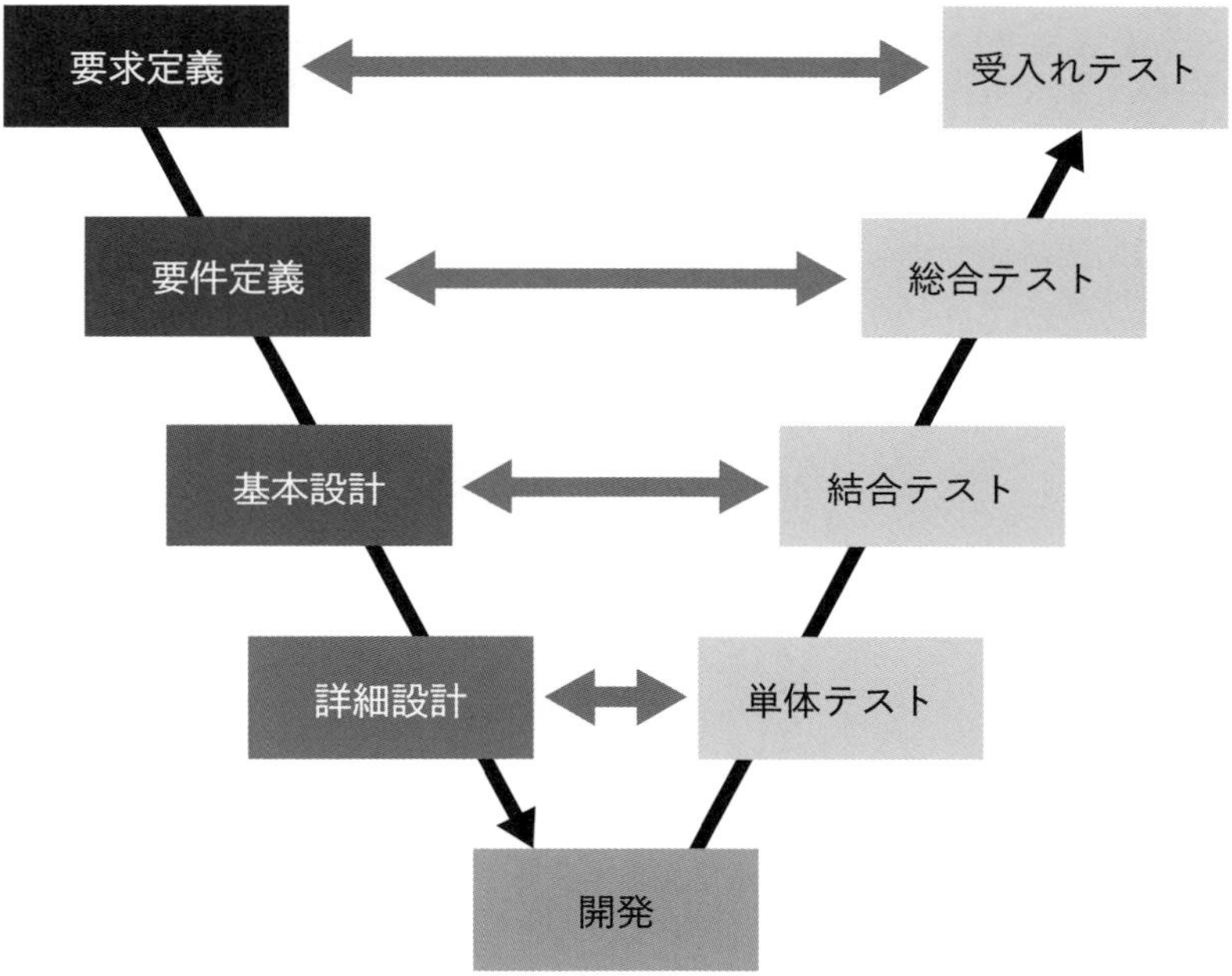

システム開発の初期段階からリリースに至る一連の流れにおける、開発とテストの対応関係をV字に概念化する手法。
開発工程とテスト工程で各作業をリンクさせ、検証作業を効率よく実施することができる。
概念図の左側がシステム開発の流れを、右側がテストの流れを示す。

制御機能では、自動離着桟システムを担当。船の入出港時や船足が遅いときに動きを制御するシステムを開発した。波や風を受けても定位置で保持するＤＰＳというシステムを応用し、東京湾や伊勢湾のような輻輳海域や、入出港時という難しい局面での自動運航を可能とした。

遠隔機関機能では、エンジンの状態など機関に関するデータを陸上で受け、モニタリングするＩＡＳというシステムを開発。機関長による陸での運航管理を実現する、無人運航の理念を体現したといえる夢のあるシステムだ。

情報管理機能では、自律運航システムの健全性を管理するＣＩＭと呼ばれる装置を担当。自動航行のシステム全体を管理し、正常か異常かをジャッジする、欠かすことのできない機能である。

自動運航に取り組む開発者たち

「どの程度大変なのか、最初は想定できませんでした。ただ、やっていくと本当に、非常に深い世界。どんどん深みにハマっていきましたね」

自動離着桟システムの開発に携わった、イノベーション本部・ＩＴシステムグループ長の沖原崇はこう振り返る。

沖原はＢＥＭＡＣで船のＤＸ化にゼロから取り組んできたというのは前述した

通り。中でも「データロガー」と呼ばれる、船のあらゆる情報をモニタリングし、記憶する機器の開発やバージョンアップに取り組んできた。この機器との出会いが、「決して止まらない船」を私がめざすきっかけとなった。

システムを新規開発していると、いろいろなトラブルが出てくる。データロガーは生き物の心臓や肺などと同じで、24時間、365日ずっと動いていかないといけない。常に不具合が出たりする場合は比較的原因を簡単に突き止めることができるが、不具合が出たり出なかったりするときがいちばん困る。

このような産みの苦しみを、沖原は何回も味わってきた。しかしそのたびに、私の想定以上のシステムを作り上げてきた。

沖原がデータロガーとともに、開発に尽力したのが「ダイナミック・ポジショニング・システム（DPS）」である。

BEMACが自動運航船すざくに搭載した自動離着桟システムを語るには、このDPSの開発について触れておかなくてはならない。

私が沖原にDPSの開発を指示したのは2013年のことである。

この頃、日本近海での海洋資源開発がにわかに注目されはじめた。この年、愛知県渥美半島沖で、石油天然ガス・金属鉱物支援機構（ＪＯＧＭＥＣ）がメタンハイドレートの算出試験を実施。地球深部掘削船「ちきゅう」号により、世界で初めてガス産出に成功した。

メタンハイドレートとは、見た目は氷に似ており、天然ガスの主成分であるメタンと氷が結合した物質。商業化にはさまざまな課題があるものの、新しい化石燃料として注目されている。

それ以外にも、石油やその他の鉱物など、まだ手が付けられていない鉱物への期待が高まっていた。また近年では、ヨーロッパで実用化されている洋上風力発電が新たな再生可能エネルギーとして日本でも注目されている。

海洋資源開発では、深海底の掘削船のほか、作業員や必要な物資を運送するオフショア支援船など、さまざまな船が活躍する。しかし浅海と違い、深海ではいかりを下ろすことができない。

そこで、生み出されたのが、ＤＰＳであった。風向、風速、潮流などの情報を収集し、スクリューなどの推進器を動かすことで船の位置を保つ仕組みである。こうすることで、沖合で波や風が吹いてもいかりを使わずに船を長時間一定の位置に停泊することができるようになった。

開発期間は4年間。ここから沖原たちの試行錯誤の日々が始まった。

当時、すでに海外メーカーがDPSを生産しており、世界シェアをほぼ握っている状態で、日本ではほとんど作られてなかった。

さらにBEMAC自体も、これまで、エンジンなどの機関の監視や制御システムでは実績があったものの、船を動かす制御システムの開発は初めてだった。操船という未知の分野に対し、まさにゼロからの船出であった。

「何をどうやったらいいのか、まったくわかりませんでした。そこで、海外の文献に当たるところから始めました。実は、英語はあまり得意ではなかったのですよね。ですので、翻訳ソフトみたいなものを利用しながら、情報を収集していた記憶があります」

国内の研究者にも教えを請うた。神戸商船大、広島大など、船舶関係のプロフェッショナルを行脚し、システムをブラッシュアップしていった。

開発でめざしたのは、従来品よりも精度を高くすることであった。当時、国内で建造されている船舶にも、海外メーカーのDPSが取り付けられていた。この国内船に、BEMACのシステムを取り付けてもらうのが至上命題となった。そのためには、従来品よりも良いものを作らなくてはいけない。目標として、定点からのずれ幅を5m以内とすることとした。

性能を確かめるために、模型船を使った試験を行った。模型の大きさは1・7m。標準的な船の40分の1スケールのものを用意した。模型船の製作は、地元の今治のメーカーにお願いした。

実験場所は、茨城県神栖市の水産工学研究所（現・水産技術研究所神栖庁舎）。ここには長さ60m、幅40mの巨大な水槽があり、風や波を再現した実験を行うことができる。開発チームは、この研究所に乗り込み、泊まりがけで実験を重ねた。

沖原が水面に模型船を浮かべる。船が風と波にあおられ始めた。

目標はずれ幅5m。40分の1の模型だと12・5cmしか動くことができない。小さな船は、容赦なく打ち付ける波に必死に耐えていた。

「頑張れ」。誰からともなく、思わず声が出た。

実験は成功。メンバーから歓声が上がった。

この実験で沖原は、成功しなければいけないというプレッシャーとは別に、他の重圧を抱えていた。

それは、この研究所が誇る高性能の巨大水槽を借りるのに1日40万円もかかることだった。国土交通省からの補助金があるので、半分は国に負担してもらえ

沖原崇　イノベーション本部
ITシステムグループ長

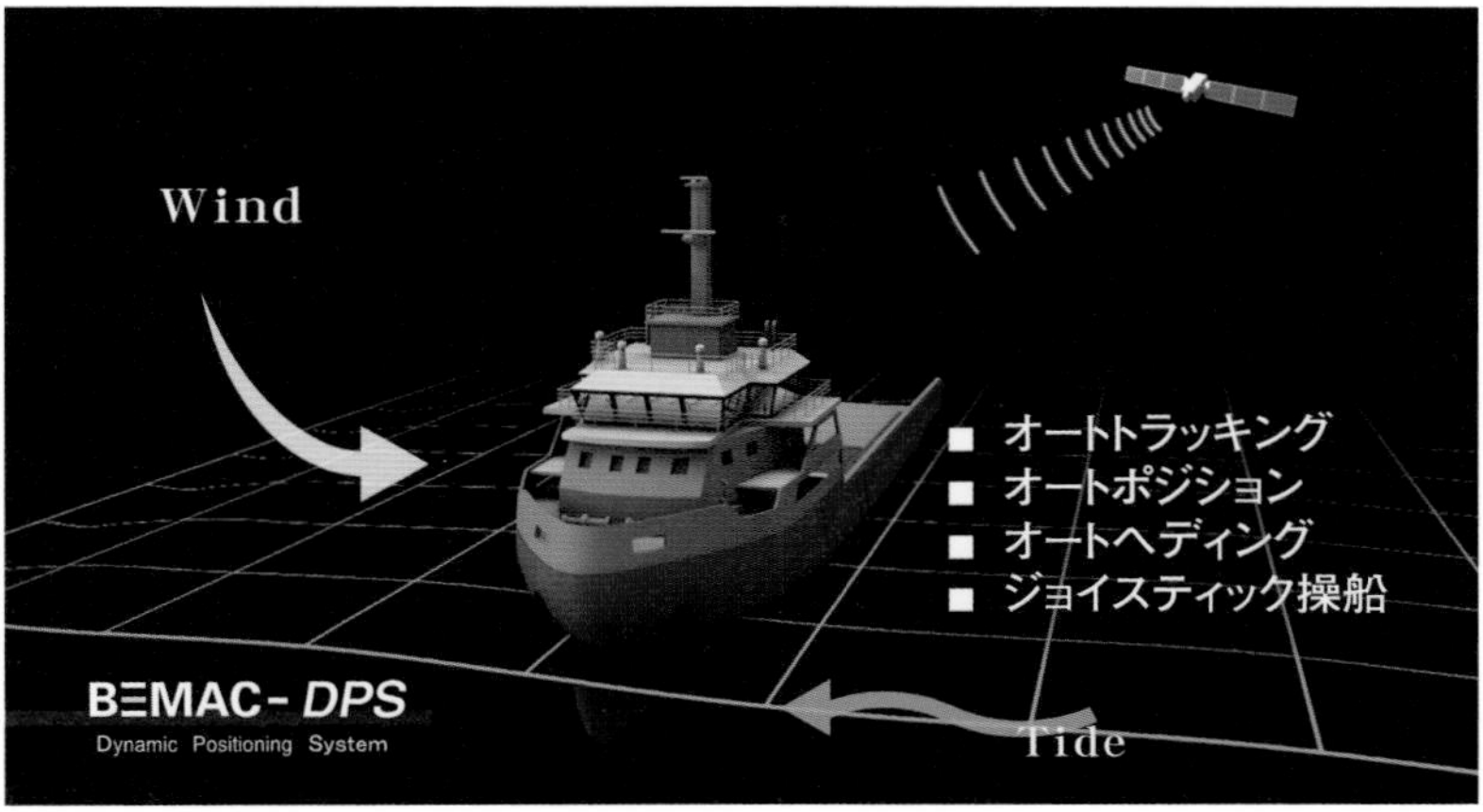
Wind
■ オートトラッキング
■ オートポジション
■ オートヘディング
■ ジョイスティック操船
BEMAC-DPS
Dynamic Positioning System
Tide

BEMAC-DPS

る。しかし残りの半分は、会社の持ち出しである。社長の私が言い出した開発とはいえ、会社の予算を確保するにはさまざまなプロセスを経なければならない。

予算確保のために奔走した上司の顔が、沖原の脳裏に浮かんでいた。

すざくの自動離着桟システムにDPSを応用したのは前述のとおりである。すざくにはカメラやセンサーが搭載されており、他船や浮遊する障害物、風などを把握して進む方向を導き出す。いわば無人運航船プロジェクトの「頭脳」といえる部分だ。

この頭脳から送られてくる航路の指示、スピードの指示に従い、船をコントロールするのがBEMACの担当する部分である。

開発チームは、DPSと同じく沖原が主導。チームのメンバーの中には、のちにすざくに乗り込むこととなる米崎の姿もあった。

仕組みはDPSと同じで、航路の指示に応じてコンピューターが情報を分析し、スクリューや舵、横方向に船を動かすスラスターなどの推進器を動かしていく。海上で定点にとどまるための装置であるDPSだが、すざくでは自動航行という目的のために、船がとどまるのではなく、船が進むように制御させるために、その仕組みを応用したのである。

応用した、と文字にすれば簡単だが、ＤＰＳをすざくに入れ込むのにも苦労があった。

沖原が言う。

「ＤＰＳを搭載する船舶は、そもそもＤＰＳ用に特化して建造されています。しかも深海底を掘削したり、大量の物資や副産物、廃棄物を運んだりするので、強い推進器や馬力のあるエンジンが入っています。車で例えると、ダンプカーに相当するようなものです。

それに対し、すざくはすでに完成されたコンテナ船です。既製の商船にＤＰＳを取り付けることになりますので、今までの船と比べ制御の勝手が違っており、その点は苦労しましたね」

とはいえ、模型船や実装船で何回も実験するのは、時間的、金銭的に不可能だ。そこでＤＦＦＡＳは、機器を実践に近づけるため、風、潮流などの海の航行環境を再現するシミュレーターを開発した。そのおかげでシステムの改良を重ね、事前に作り込むことができた。

船の自動運航をめぐっては、船舶の少ない海域ではあらかじめ入力・設定しておいた航路をたどるオートパイロットシステムはすでに広く普及している。しかし、東京湾・伊勢湾のような輻輳海域や入出港時の難しい局面では、採用されていないのが現状だ。

今回のシステムは、そのような海域でも自動航行ができることを証明することとなった。


エンジンの状態など機関部分のデータを陸上で受け、機関長が遠隔で判断できるシステムが遠隔機関機能である。この開発には、前出の川崎が担当。のちにすざくに乗り込むこととなる山田光起も途中で加わった。

このシステムは、ＩＡＳと呼ばれる。Integrated Automation System の略だ。船舶のエンジンなどにセンサーを取り付け、シリンダーの排気温度、燃料配管の配管内の圧力、発電機の発電力や周波数などをモニタリングする。

それらの情報は、データロガーが集約し、データは陸上支援センターに送られる。

本来、船舶の中には機関制御室というのがあり、その中で機関長をはじめ機関士たちがエンジンのモニタリングを常に行っている。そして機関にトラブルや不具合があれば、悪い箇所を探して特定し、判断対処をしている。

ＩＡＳを活用することで、機関長は、支援センターにいながら機関部分の異常を把握し、しかるべき処置を取ることができるようになり、機関士の負担は軽減

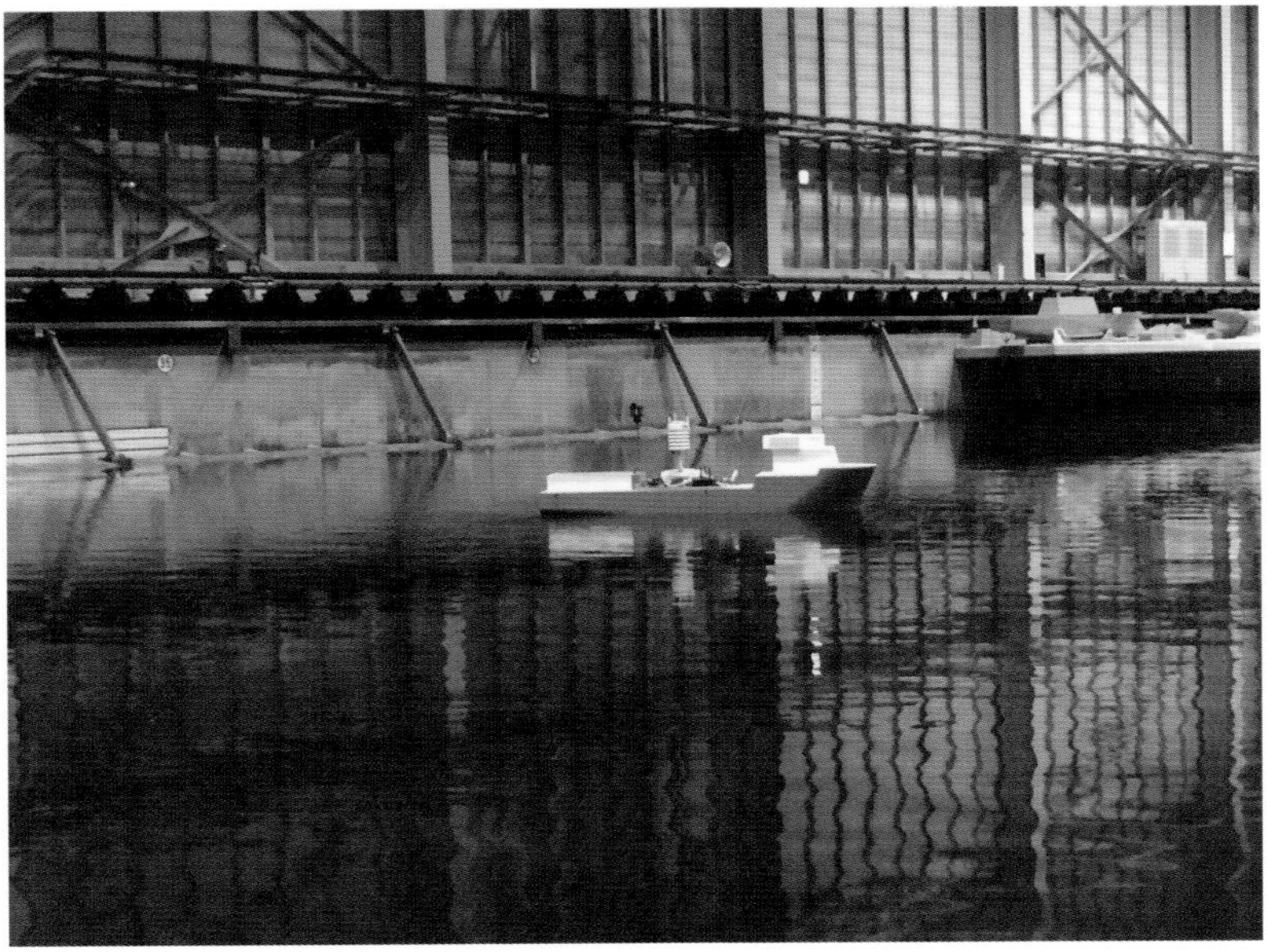

DPS（定点保持システム）を搭載した模型を使用した水槽試験

される。

川崎によると、船員の中でも、機関士が担当している仕事がいちばん多いという。「いちばん多い」というのは語弊があるかもしれないが、それでも船の中で大変な仕事を担っていることには変わりはない。

機関士をゼロにする、というのはもう少し先になりそうだが、このシステムを使って機関長が陸上でモニタリングや処置を行い、遠隔でできない場合のみ船上の機関士が対応するようになれば、船内での負担がずいぶん軽くなるはずだ。「決して止まらない船」の実現に向け、ＩＡＳは欠かすことのできないシステムだ。ＢＥＭＡＣがリリースする製品にこのシステムを積極的に入れ込み、どんどんリリースしていきたいと考えている。

ＢＥＭＡＣが担当したもう一つのシステムが、自律航行が可能かどうかを常時判断する情報管理機能である。ＣＩＭ（Central Information Management）と呼ばれ、その名の通り無人運航システムがどのような状態にあるかを監督し、自律航行が可能かどうかをジャッジする役割をもつ。

このシステムは、東京データラボ・チーフエキスパートの山田隆志らが開発を進めていった。

ＣＩＭでは、自律運航システムの状態が四つの色で表示される。システムが正常に動作し、すざくが問題なく自律運航している状態は「ノーマル」として緑色で表示される。これが陸上支援センターで十分注意したほうがよい「アクティブモニタリング」の状態になると黄色に変わる。

さらに、警報状態を示す「リモートフォールバック」では赤色に、警報よりさらに悪化した「インディペンデントフォールバック」では紫に変化する。

黄色では、陸上オペレーターの確認を前提に引き続き無人運航システムが作動するが、赤色では陸上オペレーターが遠隔操船して航行を維持する。さらに紫まで悪化すれば自動航行ではなくなり、船舶の制御権は実際に乗っている船員に移管される。

この緑、黄、赤、紫の色は、宇宙船のコックピットのような陸上支援センターのＬＥＤランプに表示される。

無人運航船はこれらのシステムが互いに連携し合うことで、初めて安全に走ることができるのである。

失敗はイノベーションの先生

これら自動運航船にかかる新しいシステムの開発に取り組むのが、イノベーション本部だ。お客様や市場のニーズを理解し、それに合った新技術や新製品の研究開発を日々行っている。

ＢＥＭＡＣには、もともと技術開発課という部署があり、配電盤、監視盤、データロガーといった自社製品のリニューアルや保守などを担当していた。

しかし私は前から、依頼された仕事をこなすだけではなく、今までにないものを生み出していく必要性を痛感していた。

「うちの会社にとっていちばん足りないものはイノベーションだ」

社長に就任して間もない２００６年、創業60周年記念パーティーの挨拶で、このようなことを発言した。

そしてこの年、みらい工場の完成と同時期にイノベーション課を発足させ、純粋に研究開発に集中する部隊を結成した。当時の体制は10人弱の小所帯だった。手探りではあったが、メンバーがそれぞれ研究テーマを決めて取り組むこととなった。

メンバーの中には、のちにDPSを開発した沖原、そしてすざくのＩＡＳに携わった川崎の姿があった。当時すでに10年選手だった沖原は、かねてより取り組んでいたデータロガーのさらなる改良に着手。そしてまだ入社3年目だった川崎は、リチウム電池システムの開発にチャレンジすることとした。

図表2-4　4つの状態

ステータス	役割	制御権
Nomal	システムが 正常に動作している状態	機械
Active Monitoring	陸上オペレータの確認を前提に システムが動作している状態	機械
Remote Fallback	陸上オペレータがシステムを操作 して航行を維持する状態	人 (陸上)
Independent Fallback	本船の船長がシステムを操作して 航行を維持する状態	人 (船上)

「どの仕事も本気で取り組んできたものばかりなので、どれが1番という順位は付けられません」と前置きした上で、川崎は当時の心境を振り返る。

「リチウムイオン電池システムの開発は、調査や基本設計、仕様の決定から製作まで、初めて自分の力で行った研究でした。あれは自分にとって自信に繋がりました」

システムの開発において、どのメーカーの電池を使うか、試行錯誤を行った。国内外のあらゆるメーカーを巡って舶用の電池を集め、それぞれの特徴を整理し、その上でシステムのハードウエアを組んでいった。

さらに、安全性を確保するため、あえて過充電をかけたり、温度を上げたりする実験を重ねて耐久を調べた。

そんなとき、事件が起きた。あるメーカーの電池の実験を行っていたときである。

当時、川崎はまだこれといった電池を見つけられずにいた。もうどのくらい電池を集めただろうか、いつになれば納得のゆくものに出会えるだろうか。

そんなことを考えていた瞬間、周囲にとどろくような轟音とともに、火柱が上がった。

電池が爆発したのである。

川崎はすぐさま消火器を手に取ったものの、人生初めての体験でまったく要領を得ない。

「まずい」

焦りが募る中、黄色い安全ピンに指を掛けて抜いた。ホースを向けて消火剤を噴射する。向かい風で粉を浴びながら、火はしだいに小さくなっていった。

幸いなことに屋外で、しかも周囲に民家がなかったことから、事なきを得たという。

川崎はその後、どこからか安全な囲いを調達し、その中で実験を行うことにした。それでも、何個かの電池を爆発させたという。

このリチウムイオン電池システムの詳細については5章で説明するが、今となっては「決して止まらない船」の可能性を広げる重要な技術に成長した。

電池を爆発させた川崎しかり、DPSの開発で「深みにハマった」と話す沖原しかり、どのメンバーも開発過程ではさまざまな試行錯誤や失敗を重ねている。

それでも、BEMACには失敗を恐れないという雰囲気があり、例え誰かが失敗したとしても、メンバーがかばい合うという土壌ができている。

そのことについて、イノベーション本部長を務める常務の本宮英治に聞いてみた。

「よくぞ聞いてくれた」という表情で、本宮は思いを語ってくれた。

「成功をめざすのなら、失敗は避けて通ることができませんが、人間はどうしても失敗を怖がってしまいます。しかし怖がったままでは、自分らが良いと思ったことにチャレンジできない。完璧を一生懸命めざすのですが、あまりにも考えすぎて、いつまでたっても前に進まないものです。

それと、過去にとらわれすぎないこと、過去の成功例にとらわれたり、失敗例に引きずられたりして、『これはもうできません』『やっても無駄です』と決めつけてしまったら、イノベーションを見つけ損ねてしまいます。

失敗はイノベーションの先生。失敗して落ち込むだけではなく、大事にした上で次につなげる。このことは、メンバーに強調していますね」

失敗に関して、本宮には忘れられないエピソードがある。

「若い頃、50万円の部品を焼いたことがあるんですよ」

機器の操作を誤って50万円の損害を出したことがあった。明るい性格の本宮も、この時はさすがにしょげかえり、怒られるだけでは済まないと覚悟を決めたという。

リチウムイオン電池

しかし翌日、会社に来たが、先輩も後輩もいつも通り接してくれる。上司から呼び出されることもなかった。

「おかしいな?」

上司が自身の責任として、報告や対応をすべて処理してくれていたのだ。

「操作方法を本宮にきちんと教えていない自分が悪かった」

上司がそのように言ってくれていたことを、後になって知ったという。

「野球では、一生懸命プレーして起きたエラーは責められるものではなく、その後の行動で十分挽回できることってたくさんあるんですよね。BEMACも同じだと思います。助けてもらったこともたくさんありますし、助けたこともある。助け合い、チームプレーができることがBEMACの強みだと思いますね」

「すざく」に乗り込んだ気鋭の若手社員

実証実験ですざくに乗り込んだ米崎崇浩と山田光起。

この本を手にしている若い読者の方々に、船用メーカーや船のDXについて関心を高めてもらうため、彼らがBEMACに入った動機や、仕事ぶりについてもう少し掘り下げていく。

米崎は岡山県の出身。広島の大学で電気関係を専攻しており、当時からものづ

本宮英治　常務取締役

くりの仕事に関心をもっていたという。就職活動で会社を見学し、先輩社員の話を聞いているうちに、海事産業で役に立つ仕事をしたいとの思いが強まり、入社を決めたという。

一方の山田は出身地の島根から愛媛大学に進学。愛媛の風土が気に入り、そのまま残りたいと考えていた。世界を股にかけて働く夢を抱いており、開発業務と並行して海外でＢＥＭＡＣの製品を紹介する展示会の仕事も兼務している。

「入社まもなく新型コロナウイルスの感染が拡大したのでなかなか海外へ行く機会に恵まれなかったのですが、それでもギリシャとドイツに行かせていただきました。忙しくて現地の企業を十分に見学することができなかったのですが、ヨーロッパにあるようなシステムインテグレーター企業が、ＢＥＭＡＣのあるべき姿だと思いました」

実証実験では、この2人の好対照ぶりが、実にユニークだった。

実験の前日の3月25日はオフであった。米崎は宿泊先である東京のホテルでリモートワークをしていた。前日の予行演習航海のデータをまとめたり、別のプロジェクトの打ち合わせを行ったりしていたという。

米崎に限らず、イノベーション本部のすべてのメンバーたちは、ＢＥＭＡＣの通常の業務と並行して、実証実験に参加している。1人が複数のプロジェクトを持つことは当たり前だ。一つのことにかかりっきり、とはなかなかいかない。米崎は三つ、山田は二つのプロジェクトを抱えていた。

一方、山田は、貴重なオフをゆっくりと休んでいたという。

「山田のこと、コノヤローって思わなかった？」

私は米崎に意地悪く聞いてみた。

「まったく思いませんでしたね。普段からしっかり仕事をしている人間ですし。航海はすごく体力を使うんです。なのでしっかりと休んでもらって、実証実験の本番に備えてもらえればと思っていました」

実証実験初日の26日も、2人の受け止め方は異なっていた。

米崎は、気持ちの高ぶりを抑えられずにいたという。

「スタートが東京国際クルーズターミナルという大きなフェリーターミナルでした。そこに見たことないほどのたくさんのマスコミの方がいて……あんな数のテレビカメラなんて、普通見ることないですからね。すごく大きな仕事をやっているんだ、という実感が湧いて、モチベーションが上がりましたね」

つい先ほど実証実験を終えたかのように、熱気覚めやらぬ様子で語る。

一方の山田はこうだ。

東京国際クルーズターミナルで実証実験の開始を待つ「すざく」

「あまり覚えていません」

「その冷静さが欲しいな……」

米崎が突っ込む。

好対照の2人を、私はBEMAC代表の乗船メンバーに選んで間違いなかったと確信した。こういった個性を大切にしなければ、とも思った。

ちなみに米崎が見かけた大勢のマスコミの一つにテレビ東京の方がいて、密着ドキュメントを制作してくれたのだそうだ。今治は残念ながら放送エリア外だったが、米崎の故郷・岡山では放映され、一瞬だけ映った米崎の勇姿を、ご家族はテレビで見ることができたそうだ。


冷静沈着な山田であるが、実証実験で肝を冷やした場面があったという。

実験の予行演習で津松阪港から東京湾へ向かっていた際、担当しているIASの一部が動作不良を起こしたのだ。

「調べてみると、部品に不具合があることがわかりました。バックアップのシステムが動いている状態だったので、航行には支障がありませんでしたが、それでもめちゃくちゃ焦りましたね」

陸上支援センターにいる他社のスタッフと善後策を練り、すぐに部品を調達し

実証実験の予行演習で津松阪港から東京湾へ出発する「すざく」

てもらうことにした。先輩を頼ろうにも、乗船メンバーにこのシステムに詳しいのは山田しかいない。ＢＥＭＡＣの代表として、自分が動くしかなかった。

部品は片手で持てるほどの大きさで、今治の本社から発送してもらうことにした。洋上はすっかり夜のしじまに包まれている。対応してもらうにも明日だろうと考え、先輩に対し、チャットにメッセージを残した。

翌朝、メッセージを見た川崎は、大急ぎで部品を手配し、山田が宿泊している東京のホテルに速達小包で送った。彼も「実証実験中、夜は普通に寝ていました」と話すが、この時ばかりはなかなか寝付けなかったとしたという。

大役を果たした経験を、今後どのように生かしていきたいか、そして将来ＢＥＭＡＣで働きたい人に対するメッセージについて、２人に聞いた。

山田は「難しい質問ですね」と言いながらも、力強く話してくれた。

「こういう最先端のプロジェクトって、やっぱり１社だけじゃできないですよね。競争だけじゃなくて、他社の皆さんと一緒に一つの目標に向かって何かをつくっていくっていうことができたのは、個人としても貴重な経験となりました。

もちろん、ＢＥＭＡＣとしても大きかったと思うし、今後の日本の船用業界にとってもかなり大きな一歩だったと思います。

実証実験を成功させたＤＦＦＡＳプロジェクトメンバーたち

こういう動きを加速していけば、どんどん日本の海事業界も強くなっていけるんじゃないかなと、そんな期待を抱きました」

米崎もこう語ってくれた。

「DFFASプロジェクトでは、内航船のコンテナ船を自動で制御するシステムづくりに携わることができ、技術的に成長することができたと実感しています。特殊船ではなく、コンテナ船というよく使われている船舶を改造し、自動運航を成功に導いた点で、海事業界に与えるインパクトはすごく大きなものだったのではないかと感じています。同時にBEMACの技術力も広くPRできたのがうれしかったですね。

今回の実証実験の成果が、船舶航行の自動化、自律化をさらに加速させるきっかけの一つにすることができたと思いますし、自信にも繋がりました。今後も業界全体をリードするような製品をBEMACから世の中に送り出したいという思いがさらに強くなりました。

正直なところ、このプロジェクトに参加した当初は、うまくできるか不安しかありませんでした。しかしいろんなチャレンジをしていく中で、自分自身が大きく成長できたことを強く実感をしています。学生さんや、BEMACに入社したいと思っている方々には、どんなことでもいいので、とにかくチャレンジをして大きく成長してほしいと思います」

実証実験で「ルールの壁」を超える

実証実験の成功により、日本の海事産業や船を取り巻く環境にさまざまな効果がもたらされる。

まず、今回の実験を総括することにより、無人運航システムで必要な要件がはっきりとする。この要件が国際基準となれば、日本が世界で主導権を持って無人運航船を開発、普及することができるようになる。先に書いたとおり、造船や舶用工業で、基準化、標準化の主導権を握ることは競争面で非常に有利となる。また、関連業界の技術力が上がり、無人運航船の開発のスピードが上がることも期待される。

さらに私は、実証実験の成功により、無人運航船について、その安全性や、実現への可能性が社会に広く浸透することがとても大きな成果だったと感じている。

無人運航船という言葉を聞いたとき、「本当に大丈夫か」と思った人も多いのではないだろうか。プロジェクト開始当初から参加した米崎でさえ、津松阪港で強い風に吹かれたときは一抹の不安を感じたくらいであるから、船に詳しくない人にとっては無理のないことである。

実証実験の大きな意義は、技術力や安全検証により、世の中の多くの人が抱いている不安を解消することである。

無人運航船に対する社会認識の醸成の向こうにあるのは、自動運航に立ちはだかる「ルールの壁」を超えることだ。

船に乗る船員の数は、法律により定められている。

ワッチと呼ばれる見張りの仕事などを担う航海士などの甲板部の船員と、エンジンルームを担当する機関士ら機関部の船員ごとに、安全最少定員が定められている。安全最少定員は、船型、オートパイロットシステムやエンジンの自動警報装置などの有無、航海時間、船員に従事させる仕事によって異なってくる。

安全最少定員の規則が厳格化したことで、現場では人材の確保に拍車がかかり、さらに船員を増員せざるを得なくなった船では、人件費などのコスト負担が増え、海運業などは経営が苦しくなっている。

一方、船舶の電化、DX化により、能力は以前より格段に向上し、さらに技術が進めば船に乗る人数を減らすことができると現場サイドでは期待されている。

それでも、万が一のことを考慮し、法律やルールはなかなか緩和されない。規

左から沖原崇、米崎崇浩、山田光起、川崎裕之

制が改正された直後に無人運航船で事故が起きれば、例え原因が無人化によるものではなくても、世間からバッシングを受ける可能性を恐れているのかもしれない。

自動運航に限らず、実証実験を重ね、その成果を広く一般社会にアピールすることで、なかなか動かない立法者の腰を上げることができるのではないかと私は考えている。

さらに、無人運航船の国際基準化、標準化をめざす際には、国際海事機関（IMO）への働きかけも必要になるだろう。IMOは、海上の安全や船舶の海洋汚染防止などを進める国連の専門機関で、国際条約など世界の海事分野のルール作りを担っている。

実証実験というのは、世間が思っている以上に地道な作業であり、特に自動車産業などと比べて海事産業は華々しさに欠ける面がある。時間とコストも膨大にかかる。しかしこれからも実証実験を積み重ね、技術のイノベーションを起こすことで、法規やルールの面においても変革を引き起こしたいと考えている。

ルールの面に限らず、今回の実証実験を通じ、乗り越えるべき課題も浮かび上がってきた。

自動運航に向けての課題の一つとして挙がったのは、船舶自動識別装置「ＡＩＳ（Automatic Identification System）」を搭載していない船をどのようにかわしていくかである。

ＡＩＳ搭載船は、船名や位置、進路、速力などが識別され、電子海図やレーダーに表示される。すべての旅客船と、総ｔ数３００ｔ以上（内航船の場合は５００ｔ以上）の船に搭載が義務づけられているが、漁船や海上自衛隊の艦船などは搭載義務がない。

すざくではレーダーやカメラなどで他の船の位置を把握しているが、漁船などのＡＩＳを搭載してない船が近づいたとき、どちらの方向にどれくらいの速度で進んでいくかなどを把握することができない。

実証実験の航海中も、たくさんの小さな漁船に囲まれるケースがあった。それぞれの船の動きが予測できなかったことから、人間の手による操船に切り替えて回避したという。

すべての小型漁船にＡＩＳを積載する、またはＡＩＳを積載していない船でも進路や速力を予測する方法が確立されれば、自動運航船はさらに社会実装の可能性が広がっていくだろう。

自動運航船と陸上支援センターを結ぶ通信技術の向上も課題の一つである。陸上とは違い、海上では安定した電波環境を確保するのは難しい。長らく船用衛星通信サービスに関わっているＢＥＭＡＣ東京支社長の寺田秀行は次のように説明する。

「近年、従来の静止衛星より近い場所にあり、遅延が少ない低軌道衛星を活用した通信サービスが始まりつつあります。しかし、まだ陸上での携帯電話の届かない地域での活用にとどまっており、海の上で使うにはまだ少し技術革新が必要かもしれません」

実証実験においては、陸地に近い場所では携帯電話の電波を、沖合では衛星通信回線を利用したが、一時的に電波が繋がらなくなることがあったという。

船だけでなく、港湾の整備でも改修が必要かもしれない。例えばＢＥＭＡＣが担当した自動離着桟機能に関係する点では、安全な着岸、離岸のために、既存の防舷材やボラード（係船柱）が利用できるかの検討が必要だ。

船員の養成についても、遠隔操作や通信、ＡＩへの対応が必要となる。「海の男」といういかついイメージがある職業だが、将来はスーツにネクタイを締めた機関長なども現れるかもしれない。

ＤＦＦＡＳの目的は、あくまで自動運航の社会実装である。今回浮かび上がった課題を前提に、実用化に向けて進んでいく。

無人運航船の先にあるもの

無人運航船プロジェクト「ＭＥＧＵＲＩ２０４０」は現在、実用化に向けてのフェーズに入っている。２０４０年までに50％の船を無人運航船にすることが目標だが、私は今回の実証実験などを通じて、想定よりも早く無人運航船の時代が来るのではないかと思っている。

まずはすざくのような内航船から実装されていくだろう。そして前項で寺田が期待したとおり技術革新が進めば、はるか沖合でも地上と同じように通信ができる時代が来るかもしれない。そうすれば、外航船での無人運航も夢ではなくなる。

複数の船を持っている船主やオペレーターは、それぞれに船長や機関長、船員を搭乗させているが、これを1人の人間が管理をするようになるかもしれない。

陸上のオペレーションルームで、1人の船長が10隻、あるいは20隻の船の様子をモニタリングする。各船のエンジンなどの様子はＩＡＳが陸上に情報を伝えていく。

何らかのトラブルが起こった際は、そのまま自律航行が可能かどうかを判断し、CIMが警報を伝えれば、自動運航から陸上からの操船に切り替えたり、船員を乗船させ手動で操船したりすることも可能となるはずだ。

しかし私は、さらにそれより先の世界があると思う。ＡＩやメタバースのクルーによる真の自律運航だ。

陸上からのオペレーションでは、複数の船舶でトラブルが起きた場合、船長ひとりでは対応が間に合わなくなる。さらに火災事故といった火急のトラブルの場合、陸上からの支援では間に合わない。

そこで、実際の船員代わりに〝乗船〟したメタバースの船長や航海士、機関士が解決をする。船には、全世界のキャプテンの知見が思い切り詰まったデータベースを搭載。トラブルが発生したときには、ＡＩによりメタクルーたちが自分で解決法を考え、最善の策を判断する。

航行を重ねていくにつれ、メタバースによるトラブル解決の知見もたまっていく。本物の船長や船員のように経験と学習を重ねていき、エンジンのくせや船体の性質を考慮した操船をしていく。

陸上から支援する自動運航船が日本の海を駆ける時代は、もうすぐそこに来ている。そして人がまったく介在しない、真の無人運航船が活躍する時代も、そう遠くない未来にやってくるかもしれない。
最後に、私たちが参加する無人運航船プロジェクトMEGURI2040の一つDFFASに対し、2023年2月15日に国土交通分野における科学技術の振興の視点から特に顕著な取り組みとして認められ、日本オープンイノベーション大賞・国土交通大臣賞の表彰を受けたことを追記して本章を終わりたい。

日本オープンイノベーション大賞は、我が国の未来を担うイノベーション創出の加速を目指し、産学連携、大企業とベンチャー企業との連携、自治体と企業との連携など、組織の壁を超えて新しい取り組みに挑戦する「オープンイノベーション」の模範的なプロジェクトを政府が表彰するものである。

本受賞では、前述の通り、海運・造船・舶用メーカー等の海事産業に限らず多種多様な30社(協力会社を含めると60社以上)のオープンイノベーションコンソーシアムを形成し、また、組織・分野の壁を乗り越えて協調していく社会実装に向けた活動を進めた点が評価されたと確信している。

第 3 章

「決して止まらない船」の原点

小さな入り江で始めた蓄電池の充電

船のDX化により、トラブルや海難事故を未然に防ぎ、船が安全に目的地まで到着するのをサポートする「ＭａＳＳＡ」。ＢＥＭＡＣが打ち出したこのコンセプトは、一朝一夕に確立されたものではない。

創業者の祖父、会社を大きくした父だけでなく、社業に関わった多くの先人たちの努力により、「決して止まらない船」の土台がつくられてきた。

無人運航船「すざく」の実証実験に取り組んだ開発者たちがそうであったように、ＭａＳＳＡのコンセプトを打ち出すまでにも、さまざまな成功や失敗が繰り返された。私自身も、悔しい思いを重ねてきた。

そして、航海支援や船舶管理のプラットフォームとして「MaSSA-One」が次のフェーズに進化していくためには、私たちはさらに成功と失敗を重ねていくのである。

今治市街地から北へ６㎞。「波止浜《はしはま》」という小さな港町がある。四国本土と芸予諸島の間にある来島海峡の急潮を回避する港として昔から栄え、俳人・小林一茶も来遊したといわれている。

今治造船、新来島どっく、浅川造船、檜垣造船などの造船会社が立地し、南北に延びる細長い入り江には、いくつものクレーンが競い合うように天に向かってアームを伸ばしており、造船の町であることを実感させられる。

広大な造船所に囲まれるように、小さな渡船場があり、沖合の来島、小島、馬島への連絡船が発着している。

港町は、細い道路がクランク状に伸び、その両側に格子窓の和風家屋や趣ある商店などが立ち並ぶ。町並みを歩いていると昭和にタイムスリップした感覚に陥るが、細い道を造船所のトラックや商用車が譲り合いながら行き交う様子を見ると、この町の繁栄が決して過去のことではないことを思い知らされる。

ＢＥＭＡＣは、この古さと新しさが混在する波止浜のまちで産声を上げた。

太平洋戦争の終結から間もない１９４６年、私の祖父である小田茂は、ＢＥＭＡＣの源流にあたる渦潮電機商会を立ち上げた。

創業のきっかけは愛用していた船を盗まれたことだった。

「みっとし（道人司のこと）、船がおらん！」

ある春先の朝のことだった。茂の大声で、道人司は飛び起きた。後にも先にも茂のこれほどの大声を聞いたことはなかった。

神戸の経理学校を卒業した茂は、近海での漁業と地元船主たちの経理で道人司ら家族を養っていた。戦後の食糧難ということもあり、魚は飛ぶように売れていたという。

2人でいつも船を繋いでいる浜を探したが、船は影も形もなかった。近くの漁師たちにも手伝ってもらい、広島県の呉まで探しに行ったが、見つからなかった。

「このままでは家族が路頭に迷う」

茂の落ち込みぶりは激しかった。

この時、茂の姿を見るに見かねた漁師から、蓄電池の充電事業を勧められた。波止浜のすぐ前に浮かぶ小島という離島の漁師からの話だった。

当時、波止浜一帯ではイカ漁が盛んで、集魚灯の電力としてバッテリー型の蓄電池が用いられていた。この蓄電池を充電する仕事である。近場で充電してくれる業者がおらず、請け負ってくれたら助かると言われたのだ。

茂は電気についてはまったくの素人であった。しかし何か仕事をしなければ食べていけない。考えたあげく、新しい事業を始めることとした。

「渦潮電気商会」の屋号は、近くの来島海峡に由来している。

この付近は徳島県の鳴門海峡と並ぶ海の難所として知られるが、その航路は四

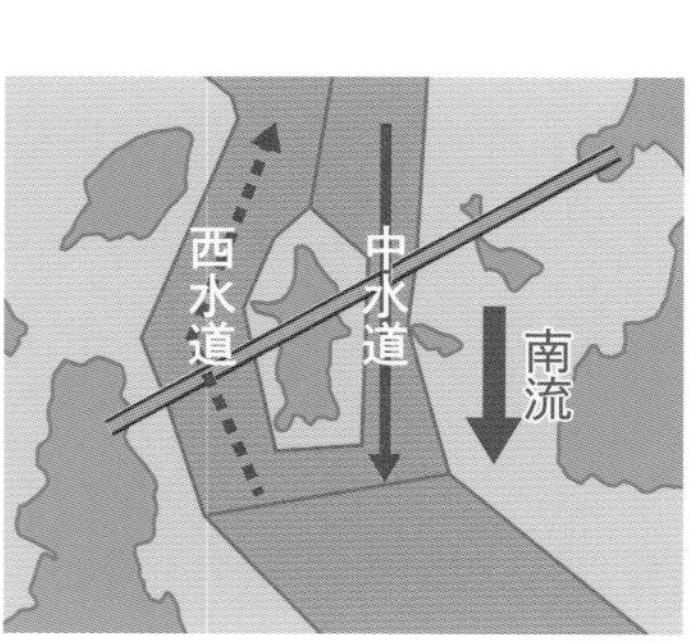

順中逆西　南流の航法

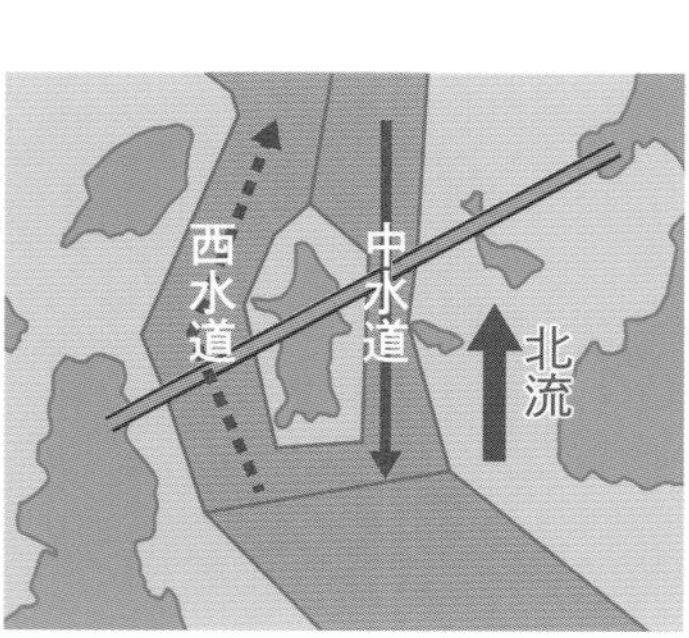

順中逆西　北流の航法

国本土と馬島、小島などの島々に遮られている上、潮流は10ノット（時速18km）を超える。

船舶は通常右側通行であるが、この海峡に限っては、潮流と船の進路が同じ（順潮）場合は航路の中側、潮流に逆らって（逆潮）進む場合は西側通行に切り替えるという「順中逆西」と呼ばれる特殊な航法が採用されている。このようなトリッキーともいえる通航ルールがあるのは、世界でもここだけだ。

潮が渦巻く来島海峡。この海とともに生きる人々に助けられて誕生したことをいつまでも忘れない気持ちが込められている。

家業には、茂だけでなく、私の父の小田道人司、そして叔父で道人司の弟の團《まろし》も手伝った。当時中学2年と小学4年。登校前、早朝の漁港で蓄電池を回収し、充電器に設置、下校後に電気が満タンになった電池を浜へ運ぶ毎日だったという。

この漁船への蓄電池事業はしだいに縮小し、まもなく電気艤装が主力事業となっていった。しかしBEMACとなった現在、船に占める電気の割合が大きくなったこともあり、リチウムイオン電池のシステムを開発している。祖父が創業した仕事が、形を変えて今に生きていると思うと、とても感慨深い。

父・道人司

1950年の朝鮮戦争勃発を契機に、日本の海運業は物資輸送が活発化。船舶の電化と大型化が進んでいく。

それまで瀬戸内海では、木造帆船に補助動力としてエンジンを取り付け、出入港や無風時に機走する「機帆船」という船が主流で、内航輸送の主力として活躍していた。しかし輸送量が増えるにつれ、エンジンを主動力とする鉄鋼船に切り替わっていった。

波止浜では次々と造船所が作られていった。もともと漁業と共に塩作りが盛んな土地だったが、この時期入浜式の塩業が廃《すた》れ、塩田は次々と埋め立てられて造船所や住宅が建てられていった。

この頃、渦潮電機商会も目の前に林立した大小の造船所から、電気工事の仕事を請け負うようになっていった。今治の造船所の成長と共に、渦潮電機商会も大きくなっていくことができた。

特に影響が大きかったのは、新来島どっくの前身にあたる来島船渠のオーナーだった坪内寿夫氏、そして今治造船の檜垣俊幸社主である。

坪内氏は、その豪腕で倒産寸前の企業を多く再建して「再建王」の異名を取ったほか、造船会社にとどまらず映画館や温泉観光施設、新聞社などを抱えたことから「四国の大将」とも呼ばれた、立志伝中の人物である。

当時21歳だった道人司は、来島船渠の船の電気工事の受注を願い出るべく、坪内氏と面会した。再建王よりも海賊王の名のほうが似つかわしいような、鋭い眼光と圧倒的なオーラで、思わずたじろいでしまったという。工事を願い出た際、当時最も大きな造船所であった波止浜造船の仕事をすべて断れという厳しい条件を突きつけられながらも、認められて専属の電気工事業者となることができた。

最初は小さな船の仕事しかなく、経営は苦境に立たされるが、規格統一された安価な「標準船」を来島船渠がヒットさせたことで、仕事が舞い込んでくるようになった。1956年に渦潮電機商会は株式会社に改組。飛躍の素地をつくった。

もう一人のキーマン・檜垣氏は、今治造船を急激に拡大させた立役者である。経営不振の中小造船会社を傘下に収め、業界トップに押し上げる礎を築き、〝今造〟の中興の祖といわれている。地元今治の業界団体の要職を務め、2008年には今治市の名誉市民に選ばれた。

檜垣氏との出会いは1960年。渦潮電機のもとをひょっこりと訪ねてきた。背広にネクタイという、いかにも紳士然とした姿で、当時は会社というよりも作

小田道人司　最高顧問

業場であった渦潮電機には場違いに見えた。

檜垣氏は「うちの仕事をしてみませんか」とだけ言い残し、帰っていったという。

その後、改めて道人司が今治造船を訪問し、取引が始まった。

檜垣一族にはその後も恩を受ける。創業以来付き合ってきた銀行から突然取引を断られた際も、新たに第一歓業銀行（現みずほ銀行）を紹介してくださるなどした。

道人司は、新たな技術員を雇うなどして仕事の幅を広げた。その真摯な姿勢により、この個性的な2人からそれぞれ信頼を得ていった。

そもそも、来島船渠と今治造船は同じ造船会社でライバル同士である。それに伴い、今治の造船業者は、一方の企業からしか請け負うことができない会社が多数であった。両者の信頼を得て、双方の仕事をこなすことができたことは、渦潮電機にとっても、将来のＢＥＭＡＣの成長にとっても大きいことであった。


船の電気工事の仕事に参入し、大手造船所の知遇を得て仕事量を増やしていった渦潮電機。他方で父・道人司は、船に乗せる電気機器の製造にも着手した。

電気工事を始めてすぐ、道人司は仕事の傍ら配電盤の研究に取りかかり、１９

54年から機帆船用の直流配電盤製造に着手。一方で、現在製造しているような交流配電盤はメーカーから仕入れていた。

ところが1964年、その仕入メーカーが倒産する。ちょうど来島船渠でセメント運搬船を建造しており、渦潮電機はその船に配電盤を納入する手はずとなっていた。

「お客様に迷惑をかけるわけにはいかない」

道人司は、自前で配電盤を作ることを決めた。直流配電盤を手掛けていたものの本格的な配電盤は初めてで苦労と試行錯誤の連続であったが、優秀な工事責任者を雇い入れていたこともあり、何とか完成させることができた。このような努力の積み重ねで、ステークホルダーの信頼を得ていったのだと、私は思う。

この年には、波止浜の西隣の波方町（現・今治市波方町）に社宅と独身寮、新工場を開設。ここから設計、製造、電装・据え付けの一気通貫体制による本格的なものづくりが始まる。監視盤の1号機が完成したのもこの年である。

一方の私は、1968年に生まれた。上3人は姉で、4人きょうだいの末っ子、長男であった。

父は多忙だったので家庭にいることは少なかった。子どもの頃は、父親と風呂に入った記憶はほとんどなく、祖父の茂と風呂に入っていた。

母親も、仕事について子どもたちに説明することはなかった。工場に行くことはほとんどなく、家業が何をしている会社なのかよくわかっていなかった。笑い話になるが、地元今治で生産されている菓子で、来島海峡の渦をかたどった「うずしおパイ」というのがあり、幼い頃はそれを作るのがうちの仕事だと思っていた。

このような状況で、当初は渦潮電機に入社する気はなかった。

地元の今治西高校を卒業後、親元を離れて明治大学に進学した。

1年生の12月、私は国立競技場であるラグビーの一戦を観た。今もなお語り草となっている、いわゆる「雪の早明戦」である。

都心部での5㎝の積雪という悪天候の中、両チームとも一歩も譲らない総力戦を展開した。攻める明治の重戦車フォワードを必死のタックルで守る早稲田。両軍の選手たちから湯気が立ち上るほどの攻防だった。

この試合で明治は敗北してしまったが、最後まであきらめず、勝ちにこだわり続けて「前へ」進み続けた選手の勇気と信念に、私は心を打たれた。

当時の明治大学ラグビー部の監督は「御大」と呼ばれた北島忠治氏。彼が残した「前へ」の言葉は明治大学の代名詞となり、そして私の座右の銘となった。私は今でも、ＢＥＭＡＣホームページの会社案内や社内報など、ことあるごとにこの「前へ」という言葉を掲げている。決して止まらない船という困難な目標に対しても、諦めずに前へ進んでいく。この精神を全グループ社員に浸透させたいと思っている。

自分の将来について真剣に考えたのもこの頃であった。父が藍綬褒章を受章し、今治でパーティーを開くから帰ってこいと連絡を受けた。地域でお世話になっている方、造船会社などの取引先に加え、渦潮電機の全社員も出るという。出席して、両親と一緒に来場者をお迎えするように言われた。

会場に行き、私は驚いた。５００人くらいはいただろうか。父にはこれほど人を集める力がある。父の偉大さを、初めて思い知らされた。

私は後日、父の元に行き「会社に入れてください」と頭を下げた。

「止まらない船」の原点

大学卒業後、米国のカリフォルニア大学サンタバーバラ校に1年間留学。帰国後の1992年、三菱電機に入社した。

当時の三菱電機では、取引先の次世代を担う若者を何年間か雇い入れて面倒を見るということがあったらしい。当時、私は渦潮電機に入る前提で、3年間三菱でお世話になることになった。

入社した頃はバブル崩壊の直後で、ありとあらゆる企業がそのあおりを受けていた。私は名古屋製作所の営業部門に配属されたが、入社当初100人いたメンバーが、2カ月後にはリストラや配置転換などで半減していた。

人数は減っても仕事は減らない。私は、日付が変わる頃まで資料作成などの仕事をし、やっと自宅に帰ったと思ったら朝の5時に出勤するという、そんな毎日を3年間続けた。今では許されないだろうが、当時は「24時間戦えますか」という言葉が流行語になるような時代だった。

三菱電機と渦潮電機は、私が入社する前から浅からぬ縁があった。

まだ渦潮電機が株式会社化して間もない頃、父・道人司は今治市の中心部で三菱電機の家電販売店を始めた。当時、洗濯機、冷蔵庫、テレビが「三種の神器」と呼ばれ、各家庭に家電製品が普及し始めていた。

父は程なくして母・靖子と結婚。家電販売店は新婚間もない母が守ることが多かったという。

その後、造船不況の嵐が吹き荒れていた時代、父・道人司は「他社の軒先で商売しなくてもいいよう、自立した会社にする」と言い、技術開発を強化する方針を立てた。コンピューター（当時は「マイコン」と呼んでいた）の技術を習得するため、社員に研修を受けさせることにした。その研修先が三菱電機の長崎製作所であった。

その後、何十年にも及ぶ両社の関係が構築されていった。

私は配属先の三菱電機の名古屋製作所で、ファクトリーオートメーションで使われる制御装置を代理店へ営業する業務を担当していた。そこで机を並べて仕事をしたのが、先輩の漆間啓さんと、同期の占部正浩であった。

漆間さんはまっすぐな性格で仕事に厳しい性格。最初は怖い感じを抱いていたがすぐに打ち解け、よく酒を飲みに連れて行ってもらっては仕事について熱く語り合った。私が三菱を退職した後も定期的に会い、ＢＥＭＡＣの創業70周年記念式典には三菱電機の常務としてご出席いただいた。

現在は社長という大役を務める漆間さん。大変な時期での就任ではあったが、当時の面影さながらに、全責任を背負って会社の改革に当たっている。

占部は一言で言えば「悪友」である。関西学院大学でアメリカンフットボールの選手として活躍し、三菱に入社。当時、同期が同じ部署になることは珍しく、自然と仲が良くなった。漆間さん、占部、私の3人で飲みに行くこともしばしばだった。

私が三菱を離れた後に彼も退職し、現在は大阪市にある三菱の総合代理店・萬世電機で社長を務めている。年に3度は会って酒を酌み交わす。メーカー、卸売りと立場が違えど同じ経営者。お互いの思いや悩みを語り合うことができるかけがえのない友である。

1995年、私は三菱電機を退社し、渦潮電機に入社した。

この頃、社長を務めていた父・道人司は、商工会議所の会頭など社外の活動で多忙となっていた。私は、社長補佐という立場で当時としてはまだ珍しかったホームページの開設、全社でのイントラネットの構築など、業務の効率化、IT化を進めていった。

また、国際的なISO品質認証の取得や海外の船主のアフターメンテナンスなどで、オーストラリア、韓国、中国、イギリス、ノルウェー、デンマークなどの海事産業が盛んな国をめぐっていた。

国内でも、社長に代わりトップセールスを展開していた。

国内外を飛びながら、私は会社の一番の課題は発信力のなさだと痛感していた。海外に行った際、私の名前は覚えてくれていても、社名は忘れられていることが多々あった。父をはじめとする先人たちの努力で、国内の業界内ではある程度の地位を築いていたが、それでも今治の一企業というイメージだった。

会社自体も、今治市内の造船所にしか目が向いておらず、会社の創業時と変わってなかった。取引先から受けた仕事を、真面目にコツコツ堅実にこなしていくという社風はもちろん誇るべきものであるが、そこからもう一皮むける必要があると思っていた。

BEMACブランド誕生

そんな中、入社3年目のある日、今でも忘れることができない、ショックな出来事があった。

私たちは、国内のある大手の船会社から呼び出しを受けた。あだやおろそかにはできぬと、私は、専務や製造部門のトップら会社幹部と一緒に東京のオフィスを訪問した。

約束の時間より少し前に到着し、受付で名前と用向きを伝えると、会議室に通された。心なしか、受付の女性の顔が無愛想に感じられた。

この日、先方の部長クラスの人物が応対する予定であったが、約束の時間になっても姿を現さなかった。前のスケジュールが押しているのだろう。同行したうちの幹部たちも、他愛のない話で談笑しながら待っていた。

しかし、10分過ぎても、20分過ぎても現れなかった。何かおかしい。ここまで放っておかれて、嫌な予感がしない人はいないであろう。同行した者たちも、一様に口数が減っていった。

30分後、約束していた部長クラスの人物がやっと現れた。いやー、大変お待たせしましてすみません、などの言葉は一切発せず、こちらが挨拶をするかしないかのタイミングでソファーに座った。

そしてこう言い放った。

「当社はもう、ローカルメーカーとの付き合いをやめようと思います。御社ともお付き合いするつもりはありませんので、どうぞお帰りください」

それはどういうことですか、と食い下がるタイミングもなく、会談は終わってしまった。

相手の失礼な振る舞いと、何もできなかった自分に対し、私は腹が立った。

しかしローカルメーカーとはどういう意味なのか。東京からだと四国の今治にあるという意味なのか、大会社から見ると規模が零細という意味なのか。憤慨すると同時に、このようなことを言われるには何か理由があるのではないだろうかと思った。

いろいろ考えた結果、行き着いたのが、やはり発信力のなさであった。

企業のトップは、未来を想定しながら、会社がどのような方向に進んでいるかを示さなければならない。それは社員に対してはもちろんそうであるし、地元の今治に対しても、そして海事業界に対してもそうだ。

海外でも、知名度のなさを痛感した。

入社してすぐ、社長補佐として、国際的な品質認証の取得や海外の船主のアフターメンテナンスなどで海外を飛び回る日が続いた。アジアはもちろん、ヨーロッパにも少なくとも年3回は訪れていた。

そこで痛感したのは、渦潮電機の知名度の低さである。ヨーロッパの有名な船主に会った際、こちらは向こうのことを知っていても、向こうはこちらを知らないということがしょっちゅうであった。

私にとって、覚えてもらえないということは、存在しないということと同じである。「このまま世界に認知されないままなのか……」。帰りの航空機の中でそんなことを考えた。焦りから、手がじとっと汗ばんだ。

なぜ会社が大きくなっても、世界に認知されないのか——。いろいろ考えを巡らせた結果、拍子抜けするほど単純な結論に至った。

海外の人たちにとって「渦潮電機」という社名が発音しにくいのである。英語圏の人たちは、日本語の「ザ行」の発音がとても苦手だという。「ウズシオ」の「ズ」が言いにくく、なかなか覚えてもらえないようであった。現に私の名前の「オダ」はみんなよく覚えてくれていた。

そこで私は、渦潮電機グループの技術・製品・サービスを総称するオリジナルコーポレートブランドをリリースすることを決めた。

現社名にもなっている「BEMAC」である。

BEMACとはBEAM（光）、METRICAL（調律）、ALTERNATIVE（新しい主流）、CREATION（創造）の頭文字を取った言葉。コーポレートブランドを打ち出した前年に制定した経営理念「光律探求企業」の英訳である。

光律探求企業とは、私が考え出した造語で「電気の流れを作り、整え、磨く技術や製品を通して、社会全体の環境循環に貢献することのできる企業」のこと。電気を総合的に研究することにより、動力、荷役管理にとどまらない便利なサービスを展開し、さらに、環境視点での新たな革新を日々形にし続けるという意味だ。

渦潮電機は、配電盤の製造や船の電気工事で地域の海事産業とともに成長してきたことに疑いの余地はない。しかし、配電盤や電気工事という枠にとらわれた企業体にはしたくなかった。光、電気、情報をさらに究め、新しいものを生んでいくという、もっともっと広がりのある会社にしたい――。そのような思いを、経営理念に込めた。

ＢＥＭＡＣを発信するにあたり、当時社長を務めていた父・小田道人司とは激しい議論を重ねた。創業した自身の父・小田茂の背中を見て育ち、人生のすべてを社業にささげてきた父だけに、得体の知れないカタカナ語に嫌悪感を示さないほうが不思議である。

現に、ＢＥＭＡＣブランドのリリースを提案したところ、「渦潮電機という社名があるのに、何で二つ名を付けないかんのや」と一蹴された。

私の義兄であり、現在専務の浜野慎次郎からも「社長が嫌がるようなことをわざわざしなくてもいいじゃないか」とアドバイスを受けた。浜野は大手菓子メーカーを経て、私と同時期に入社した。私と同じくらい、いや時にはそれ以上に、舅《しゅうと》である父のよき理解者である。

浜野慎次郎　専務取締役

尊敬する父と気の置けない義兄が反対をしても、私は譲ることができなかった。

「渦潮電機がここまで成長できたのは、社長の先を読む力、それに続く社員の技術力や開発力、努力によるもの。さらに地元の海事クラスターのおかげだ。得意先との間にも、ライバルが入り込めない固い絆を築いている。しかし、それだけでは、世界との競争で淘汰《とうた》されることになり、結果的に地元にも見放されることになるのではないか」

議論は2年以上に及んだ。最終的に父は、これまでの渦潮電機を否定するものではないと理解し、首を縦に振った。

その後BEMACブランドは、私の予想を上回る勢いで、加速度的に浸透していった。それに伴い、社名とブランドの齟齬《そご》による弊害も顕在化していった。

例えば海外での展示会。アルファベット順で並ぶ出展者一覧で、渦潮電機は「U」のところに掲載される。しかし、来場者はBEMACの「B」で探すので、ブースまでたどり着かないということがあった。

海外の造船所が保有するメーカーリストでも、英語での正式名称「UZUSHIO ELECTRIC」で掲載されてしまうので、BEMACで探していた船主に見落とされるといったこともあった。

「社名を変えるしかない」

社長に就任した私はそう決意し、最高顧問である父と話をすることとした。ブランドを認めてもらうまでに2年。社名変更を認めてもらうのにも、さらに最低2年はかかるであろう。私は長期戦を覚悟した。

2018年のある日、最高顧問と差し向かった。

「BEMACのブランドをリリースして16年が過ぎました。いよいよ地域にも業界にも、かなり浸透してきたと思います」

私は社名変更の理由や意義を雄弁に並べていった。

それを聞いた最高顧問の答えは、意外なものであった。

「いやいや、そうか。もう、すぐにでも変えたほうがええと思うよ。というか、早う変えい」

ブランドのリリースのときの悶着《もんちゃく》を経験していただけに、拍子抜けしたが、父はこの16年で、すっかりBEMACファンになってしまっていた。自分のかばんやいろいろな持ち物にBEMACロゴのシールを貼るほどになっていた。

かくして2019年、渦潮電機株式会社はBEMAC株式会社に名前を変えたのである。

海を渡るBEMAC

世界に繋がる海を舞台にする海事産業は、そもそもグローバルな存在である。祖父や父がトップを務めていた頃から、先輩たちは海外の船主を相手に商売をし、求められれば世界各地の港にアフターメンテナンスのために渡っていた。

それにもかかわらず、私が入社した当時、海外への発信力がない会社だと感じていた。外航船の機器や電気工事を手掛けているのにもかかわらず、海外の「か」の字も出ないような会社であった。

情報を発信していないと、海外では存在さえも知ってもらえないし、海外の情報も入ってこない。地元の造船所から取ってきた仕事をオートマティカリーに受注して、品質と納期を守っていくという真面目な会社であったことは強みではあったが、グローバル化が進むにつれ、それだけでは生き延びていけないと感じていた。

造船業、海運業は世界同一市場である。技術やサービスのガラパゴス化が起きておらず、外圧から国内産業を守る規制もない業界なので、そもそも国内、世界と市場を分けること自体に意味がない。

そこで私は、海外での生産拠点を模索するべく、中国や東南アジア諸国を回ることにした。適する地はなかなか見つからなかったが、日本・韓国・中国の造船のトライアングル地帯へ納品する第二の生産拠点がどうしても欲しかった。さまざまな調査をし、何度も検討を重ねた結果、2004年にBEMAC初となる海外現地法人「BEMAC PANELS MANUFACTURING VIETNAM（略称BEPAM）」を設立した。

当時、日本企業による東南アジアの海外進出をめぐっては、1997年にタイを中心として始まったアジア通貨危機の影響により、戦略の練り直しを余儀なくされている企業が多かった。「通貨危機以来、日本企業は全然出資をしてくれない」との恨み節を現地の人から聞くこともあった。

私は、この機会にあえて進出することを決めた。安く投資ができたというのもあるが、BEMACのコーポレートブランドを打ち立てたことが後押しとなった。その後、2005年から商船建造の需要が急激に増加。ベトナム工場も毎年のように工場を拡張していった。

製造品も年を追うごとに種類が増加した。納入先は、広島県福山市の常石造船のフィリピン・セブ島と中国・上海近郊の浙江省舟山市の工場にも広がっていった。

MSS本部長を務める取締役の渡邉功は、ベトナムの現地スタッフについて次

渡邉功　取締役

のように評する。ＭＳＳとは、MANAGEMENT SYSTEM STANDARD の略で、グループ企業の監査などを行うセクションだ。

「ベトナム人は親日家が多いですね。しかも手先が器用な子が多い。ベトナムには40人規模の設計部隊があるのですが、今治の工場に定期的に来てもらい、２年間ほど研修を受けてもらうなど、技術交流的なこともスムーズに進めることができます」

間もなく創立20周年を迎えるＢＥＰＡＭ。初の海外進出であったが、言葉や習慣の違いをものともせず根気よく技術を教え続けた日本の社員、そして勤勉な現地スタッフのおかげで、成功させることができたと実感している。

ベトナムの現地法人設立に続き、アフターサービスの業務拡大を図るための新たな海外拠点の設置を検討することになった。候補地として香港とシンガポールが挙がったが、マラッカ海峡に近く、荷物の中継地点としての地理的位置づけが大きいシンガポールに現地法人をつくることとした。

法人の名前は BEMAC STAR ASIA（略称ＢＥＳＴＡ）。アジア諸国の船のアフターサービスを手掛けるほか、中国や台湾造船所の製品販売の窓口として、ＰＲと実績を積んできた。その後の香港の海運業の衰退を考えると、シンガポールを選んだ判断は間違いなかったと思う。

この他、中国にはソフトウエア設計の現地法人BEMAC CONTROL（略称BECON）がある。舶用コンピュータの各種ソフトウエア開発、設計などが主な担当業務である。さらに、上海にもアフターサービスの舞台を設置することとした。

ヨーロッパでは、2019年にオランダ・アムステルダムに初めての駐在員事務所を開設した。

オランダは1995年から毎年のように訪問し、現地の船主から受注を受けるべく活動をしていたが、なかなか攻略できずにいた。年に数回訪れているだけでは、現地との人間関係をつくるのはやはり難しかったのである。海事産業の先進地であるヨーロッパの情報をリアルタイムで欲しいとの思いもあった。さらに、現地でのビジネスパートナー探しも行っている。新型コロナウイルス禍などもあり、活動は緒に就いたばかりではあるが、近い将来に大きなビジネスチャンスを得ることができるのではないかと期待をしている。

BEMACブランドのリリースや海外進出を進める中、創業60年を迎えた2006年、私は社長に就任した。このタイミングでの代替わりは、周年を迎えた以外にもさまざまな理由があった。

一つは、年齢のタイミング。私はこの年、36歳を迎えた。父が社長に就任した年齢も36歳であり、「そろそろ譲りたい」という思いがあったようだ。

もう一つのきっかけは、1年前の2005年にある人物が社長に就任したことである。国内最大手の造船会社・今治造船の社長となった檜垣幸人社長のことだ。檜垣社長とは、私が副社長の頃から親しくお付き合いをさせていただいている。超人的に計算が速く、ビジネスモデルもロジカルに組み立てていく。その一方で、物腰や人柄は柔らかい。私にとっては、尊敬すべき兄貴分である。

檜垣社長の今治造船グループは、造船会社にとどまらず海運会社の正栄汽船のオーナー会社でもある。BEMACにとっては最大のビジネスパートナーの一つだ。企業としても、そして一個人としても、両者は固い信頼関係で結ばれている。

私と同じタイミングで社長に就任した人がもう一人いる。船舶用エアコンや冷蔵・冷凍機器を手掛ける潮冷熱の小田茂晴である。

潮冷熱は、父の弟にあたる叔父の團《まろし》が創立。したがって茂晴と私はいとこの関係だ。生まれた年も同じで、幼い頃からよく遊んでいた。

BEMACと潮冷熱は今もなお繋がりが深い。さらに、気心の知れたいとこ同士が社長になり、両社の営業社員が一緒に客先へ訪問することも増えた。今後もかけがえのないシスターカンパニーとして、関係を密にしていく考えだ。

今治造船と潮冷熱、そしてＢＥＭＡＣ。日本の海事産業を担う三つの企業は、奇しくも同じ時期に代替わりし、連携していくことも多くなった。

ローカルメーカーのレッテルを貼られて以降、私たちの会社の存在価値を高めるために何を行うべきかを考える日が続いている。このときの悔しさがあるからこそ、無人運航船の実証実験やＭａＳＳＡのリリースといった「未来への挑戦」を次々と続けている。

ＩＴ技術との出会い

近年急速に進む船のＤＸ化だが、ＢＥＭＡＣのＩＴとの最初の出会いは、１９８０年代に開発したデータロガーであった。

データロガーとは、船舶の状況をモニタリングするシステムで、三菱電機の技術供与を受け、ＢＥＭＡＣが自前で開発したものだ。製品名称は「ＵＭＳ－35」。「Uzushio Monitoring System」と創業35周年であることから名付けられた。

私は入社前であったので当時の記憶はないが、技術習得のため社員を三菱へ派遣したり、大々的な宣伝カーを仕立てたりするなど、当時の資料や写真を見ると社長や社員の並々ならぬ熱意を感じる。

ＵＭＳ－35

もう一つの出会いが、２００６年にフランス・シュナイダーエレクトリック社と技術提携を結んだ舶用の高圧配電盤である。

この頃、船舶の大型化が進んでいた。かつて外航のコンテナ船は、中米のパナマ運河をぎりぎり通ることができる「パナマックス船」（船幅32m、全長２９４m）が基準サイズとなっていた。

しかし、２０１６年のパナマ運河拡張を視野に、ポストパナマックス船と呼ばれる船幅32m以上、全長３００m近くに達する巨大コンテナ船が多く就航していた。

コンテナ船には、一般のコンテナ以外にも冷凍コンテナ船を積むため、船が大きくなると低圧配電盤ではカバーできなくなる。ＢＥＭＡＣでは、船の大型化を見越し、シュナイダー社とライセンス契約を結び、高圧配電盤の製造に取り組むこととした。

現在は、船幅55m、長さ４５０mに達する2万４０００個積みのコンテナ船も現れている。この船は「マラッカマックス船」と呼ばれ、東南アジアのマラッカ海峡を通過できるぎりぎりの大きさだ。現状を見るに、高圧配電盤に取り組んでおいてよかったと思っている。

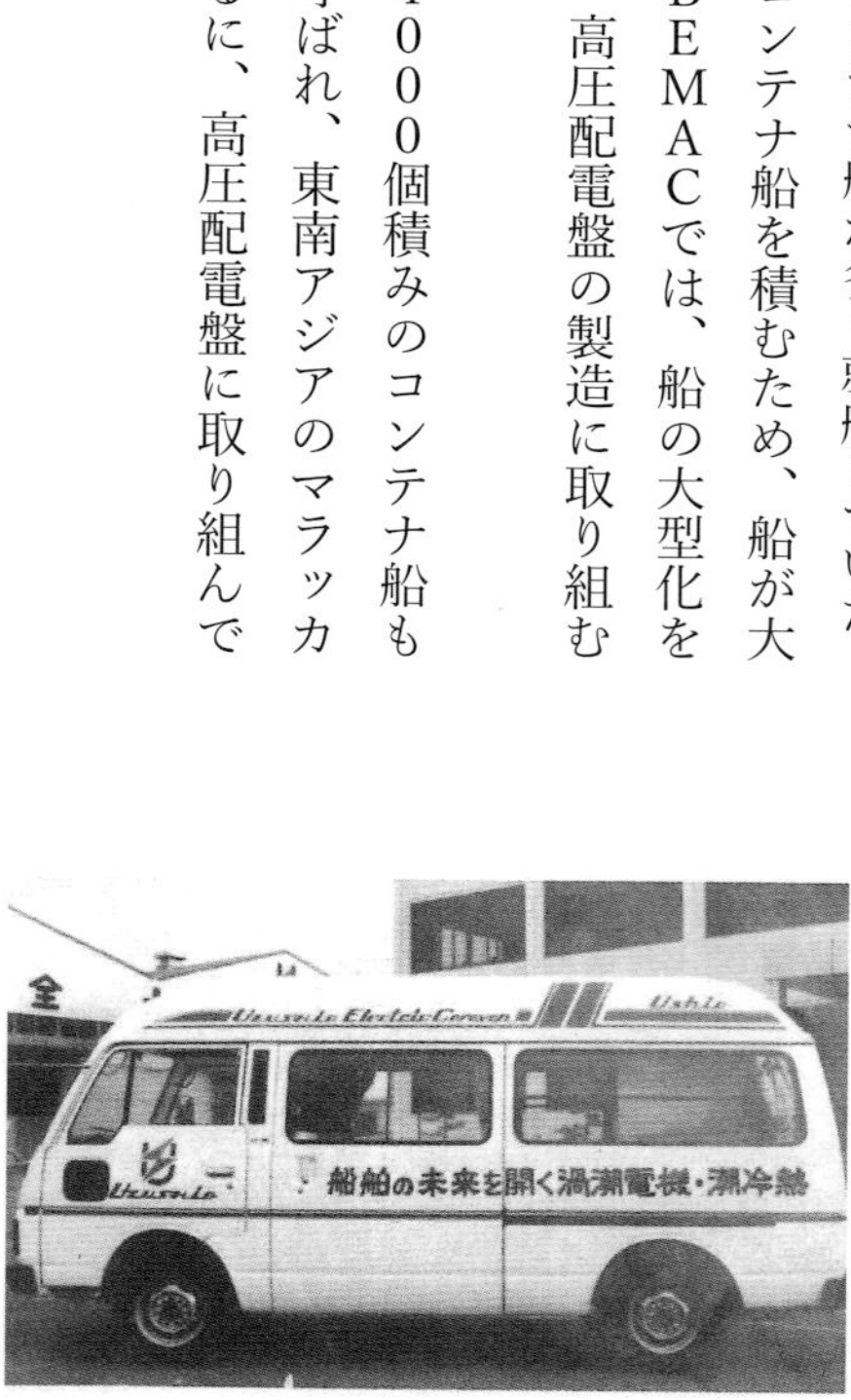

「ＵＭＳ－35」ＰＲのためのキャンペーンカー

21世紀に入って時代が進むにつれ、船の電動化はみるみるうちに進んでいった。モーター、油圧装置、ハッチカバーなど、あらゆるものが電気で動くようになっていた。BEMACが活躍できるフィールドは広がっていった。

さらに、船と陸の通信環境も目覚ましい勢いで良くなっていった。

船陸間通信は、最近までは使えば使うほど通信料がかかる「従量課金」が基本だった。そのため、船のデータを陸へ送ると、膨大な費用が掛かっていた。帯域（通信における最高周波数と最低周波数の差）が細かったため、一度に送ることのできるデータ量も少なかった。

しかし、2018年頃から徐々に定額のデータ通信のサービスが現れ、帯域も少しずつ広くなり、ようやくインフラ面でのデータ利活用の環境が整ってきた。航海のデータを得ることで、船の安全航行、さらには燃費を抑えた航行が船員の勘に頼らずとも実現しつつあった。

高圧配電盤の製造に取り組み始めた頃、BEMACではITに関する別のプロジェクトが進んでいた。

「データロガーで集めた船の情報を、いろいろなところに活用できないだろうか」

社内のイノベーション本部の開発者、さらに社外の船主や造船会社からこのような提案が持ち上がった。

データロガーなどの進化や船用機器のデジタル化などにより、この頃には、エンジンや推進器のデータなどを収集することができるようになっていた。しかし、データの具体的な活用についてはまだ不十分であった。

活用方法が固まらないまま、社員2、3人でプロジェクトチームを作り、データの収集、活用について研究を重ねていった。

このプロジェクトを眺めながら、私はいろいろ考えた。船に搭載している機器は、すべて同じメーカーのものとは限らない。

「メーカーが異なる機器のデータを利用するには、情報を集約、整理するプラットフォームが必要だ」

一方、世間では海事産業の歩み以上にＩＴ化が進んでいった。今ではすっかり身近な存在となったスマートフォンをはじめ、ＢＥＭＡＣも生産に携わっている電気自動車、さらには自動車の自動運転が開発され、新しい性能や開発の様子が毎日のように新聞やテレビ、ネットなどのメディアで報道されていった。

「船の情報も、アプリケーションシステムを介せば、船主や荷主のニーズに応じてさまざまに利活用できるのではないだろうか」

さらに、船舶による海の事故が後を絶たない中、船員の仕事をサポートするアプリケーションや、データによりトラブルを未然に防ぐアプリケーションが発達することが考えられた。

自動車とは違い、海の上には修理工場やガソリンスタンドはなく、船はひとたびトラブルが起きれば最寄りの港に駆け込むしかない。止まってしまえば、荷主だけでなく、世界のサプライチェーンや地球環境に対して深刻な影響を及ぼす可能性もある。

では、船を止めないためにはどうすればよいか？　このようなことを実現するものとして、しだいに私の中でＭａＳＳＡというコンセプトが誕生しつつあった。

海難事故の原因の8割近くは人的要因

近年の船は大型化が進み、ひとたび海難事故が起きれば、世界の物流に多大な影響を及ぼし、さらには環境への深刻な被害をもたらすことになる。

２０２１年３月、長さ約４００ｍ、幅約59ｍの大型コンテナ船が運河の側面に衝突、立ち往生してしまった。運航していたのは台湾の海運会社。そして船主は日本の会社だった。

さらに悪いことに、コンテナ船は幅３００ｍの水路をふさいでしまった。航空写真で見ると、船体がちょうど運河の斜めになるように座礁しているのがよくわかる。

自力での離礁は不可能だった。小さなショベルカーが船底付近の砂をかき出したり、タグボートで押したりする作業が繰り返された。コンテナ船の周囲には小船が航行し、何かの調査をしているようだった。

コンテナ船は1週間後に離礁。その間、スエズ運河は通行止めとなり、海運への影響はその後も続いた。

1年前の2020年には、インド洋に浮かぶ島国モーリシャスで、大型貨物船が浅瀬に座礁した。船体は真っ二つに割れ、燃料油約1000tが流出し、近くの島に漂着した。

こちらは船主、運航とも日本の会社で、インド人船長が航行していた。携帯電話の電波が届く岸の近くに向かっていたとされ、不十分な海図を利用していたことや、ワッチ（見張り）を行っていなかったことが事故の原因とされている。

海難事故は、事故を起こした船の乗組員や付近の船の船員の生命、財産を脅かすだけでなく、時として世界全体の物流、環境に大きな爪痕を残すことがある。内航船、外航船に限らず、船主や運航会社はこのようなリスクと背中合わせで船を走らせている。

実際の海難事故の様子

スエズ運河は、年間約2万隻の船舶が行き交う世界の海上交通の要衝。ヨーロッパとアジアの短絡路として使われ、例えばロンドン―横浜間の場合、アフリカ南端の喜望峰経由だと約2万6900㎞かかるところを、スエズ経由だと2万400㎞で済み、時間短縮効果は計り知れない。

この事故でスエズ運河は、1週間にわたり航行が不能となった。400隻以上の船舶が足止めを余儀なくされ、世界のサプライチェーンに大きな影響を与えた。

一方、モーリシャスの事故では、自然環境に大きな影響を与えた。流出した重油は、近くの島に漂着、海や砂浜を汚染した。マングローブ林やサンゴ礁の大規模な死滅は報告されていないものの、引き続き環境への影響がモニタリングされている。

油の回収には半年近くかかり、漁業を生業としている現地の住民も長期間にわたり出漁できなくなった。美しい島だけに、観光業にも暗い影を落とした。

海難事故の多くは人為的な原因によって発生している。

海上保安庁がまとめた2021年度の日本周辺海域での海難事故発生状況をみると、事故の発生隻数は1942隻。過去10年間で最も少なく、全般的に微減傾向が続いているが、依然多くの船が不幸な事故に遭っていることに違いはない。

事故の原因で最も多かったのは不可抗力の336隻。しかし次に多かったのは見張り不十分の326隻で、以下、操船不適切260隻、機関取り扱い不良206隻——などと続く。これらに気象海象不注意や整備不良などを含めヒューマンエラーよる事故の総件数は1400件で、実に全体の72%に当たる。

この傾向は毎年変化がなく、7~8割を人為的要因が占めている。事故の種類別では、運航不能が785隻、衝突が400隻、乗り上げ239隻など。数多くの船がさまざまな要因で止まることを余儀なくされており、そのためにさまざまなものを失っているはずだ。

船のDX化によって船員の見張りや機関の取り扱いがサポートできれば、あるいは気象条件や他船を把握した上で適切な航路をナビゲートできれば、事故件数をぐっと抑えることができる。

BEMACが船の電気化を進めることで、世界の海の安全を守ることができるのではないか。船のDXに対する私の思いは、日増しに高まっていった。

ノートから生まれた「止まらない船」のコンセプト

東シナ海に浮かぶ、韓国最南端の島、済州島。

島の中心には漢拏山がそびえる。標高1947mと富士山の半分ほどの高さだが、韓国の最高峰である。ちょうど九州地方の最高峰が屋久島であるのと同様、この国の最高峰もまた、ユーラシア大陸本土ではなく離島にある。周囲を暖流の対馬海峡が流れ、韓国の中では気候が温暖で、その美しい海と豊かな大地から「韓国のハワイ」という異名が付いているという。

ＭａＳＳＡが「のがみ」に実装される８年前の２０１４年、私はこの地で倒れた。糖尿病の悪化だった。

私はＢＥＭＡＣ（当時は渦潮電機）に入社してから、社長の補佐、海外進出の準備、みらい工場の建設だけでなく、営業マンの一人として自社製品を売り込むために国内外を飛び回っていた。それは、２００６年に社長に就任してからも変わることはなかった。トップセールスで人間関係を築いていくため、付き合いが多くなっていた。

私も暴飲暴食で、ほぼ睡眠なし。年間２５０日くらい出張し、行き先の概ね６割が国内、４割が海外だった。何週間も自宅を空けることも珍しくなく、自分の体をいたわることはなかった。体重は当時１０６kgほどあった。

このときは2週間ほど海外を歴訪していた。済州島も造船が盛んで、この年はアジア造船技術フォーラムの開催地となっており、島の造船業自体が盛り上がっていた。
この歴訪の間、体調は芳しくないという自覚があった。そして済州島でとうとう、体が限界を迎えた。水が無性にほしくなってガバガバ飲み続け、5分おきにトイレに立つほどだった。

帰国後すぐ、私は入院させられることとなった。期間は1カ月くらいになるだろうと告げられた。
三菱電機時代を含め、仕事に生きがいを見出していた自分にとって、狭い病室に閉じ込められることは、監獄に入れられるのに等しかった。入院しても、仕事の相談で社員から電話が掛かってくることがあるが、病室で何もできない自分に無力感を感じた。

自分の存在意義って何だろう。

私はこの機会に、仕事のことをあまり考えず、さまざまなことを見つめ直そうと考えた。2週間ほど、重要な案件以外はなるべく連絡を控えてもらえないかと、会社にも無理をお願いした。

存在意義——。

窓の外の景色を見たり、本を読んだり、病室でぼーっとしたりしながら、思いを巡らせた。まずは家族に対する存在意義だ。親として、自分の子どもたちを自立させなければいけない。

そしてもちろん、ＢＥＭＡＣという会社に対する存在意義についても考えた。業務を通じ、社員を自立した一人の人間として育てる。そしてＢＥＭＡＣ自体も模範となる企業に成長させる。

最後に行き着いたのは、壮大ではあるが、世界平和についてであった。地球のあらゆる場所を航行する船という乗り物の仕事に携わる一人として、世界をフィールドに活動する経営者として。

世界全体でみたら私の力は微々たるものではあるが、安全な船の航行に寄与することが平和に繋がるのではないかと考えたりもした。

そこで私は、ノートに思っていることをできるだけ自分に正直に書き連ねていくこととした。一種のブレインストーミングとでも言おうか、やりたいこと、思いついた新製品、営業の手法など、あらゆることを書いていった。

この習慣は、退院後も続いた。

仕事のアイデアだけでなく、人事構想、組織のあるべき姿なども書き残す。過去に書き留めていた構想の端切れを一つの大きな構想にまとめるような作業もしている。ある程度まとまると、幹部社員たちにそれを説明する。意見やダメ出しをもらって、修正や書き直しをすることもある。

「決して止まらない船をつくるためにはどうすればよいか?」という、私が以前から抱いていた疑問に対するアイデアも、思いつくたびにこのノートに書き込んでいった。

海事業界が抱える課題、海事クラスターにとどまらない利害関係者(ステークホルダー)、BEMACが開発する技術など、キーワードが増えるに従って、船舶が健全な航行能力を維持するためのソリューションが固まっていった。

決して止まらない船の実現に向けたコンセプト「MaSSA」は、このノートから生まれた。

MaSSAの構想は、ノート見開き2ページで書いている。

まず、ノート左ページの中央には「供給者」「受給者」が相対峙するように長方形を描いている。供給者が「決して止まらない船」をサービスする側、受給者はそのサービスを受ける側だ。

供給者側には、造船会社、部品メーカーなどが書かれ、受給者側には船主や船舶の運航管理をオペレーターのほか、陸運業者、保険業者などの名前も見られる。四角の中には「効率」「環境」「安全」の赤い文字。いずれも海事業界が抱える深刻な課題だ。

そして四角の中央には供給者と受給者を繋ぐ三つの矢印が書かれ、その中には「MaSSA」の文字。供給者と受給者を結び、安全、環境、効率を実現する――。MaSSAの社会的使命が固まった。


左ページの下では、船のイラストを用いて、実際どのようなシステムにするかを練っている。

船のイラストには、「IoT DATA Serever」「アプリケーションサーバー」「マルチファンクションコントローラー」と書かれている。いずれも船に搭載する、MaSSAの基幹となるシステムだ。

IoTデータサーバーは船内のあらゆるデータを収集する役割。アプリケーションは収集したデータを利用し、受給者のさまざまなニーズに対応したサービスを提供する。

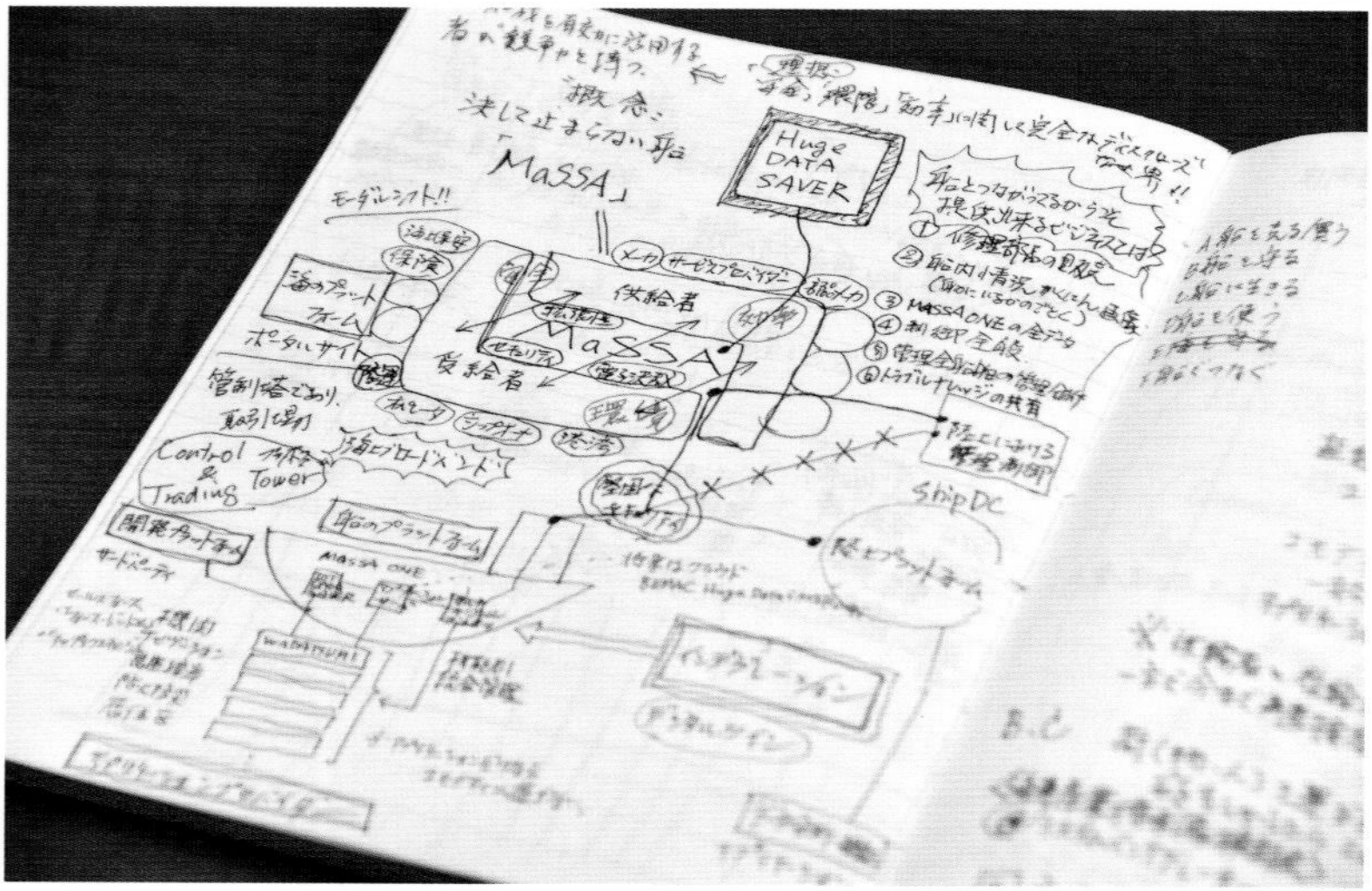

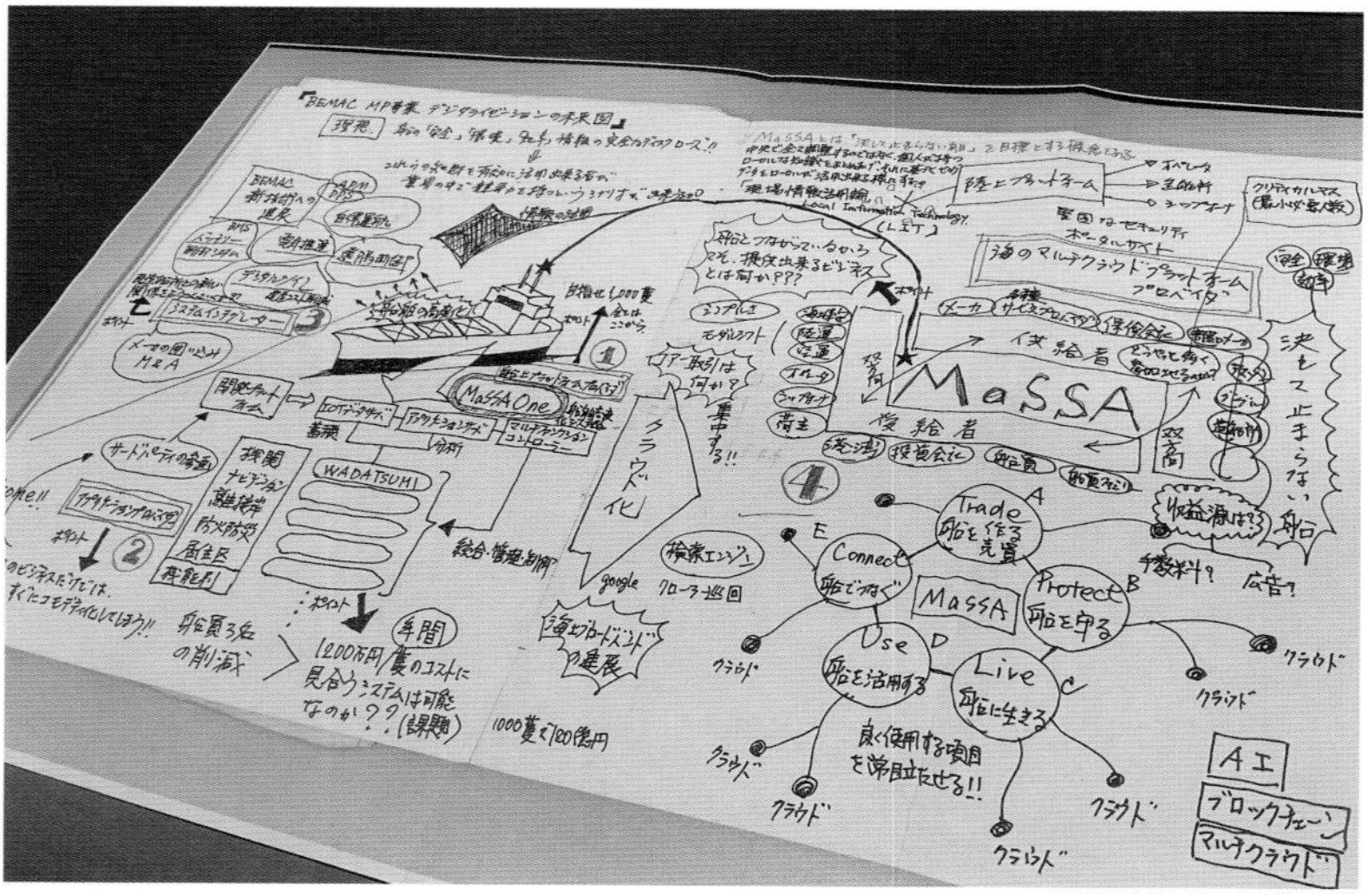

ノートに書き込まれたMaSSAのコンセプト

ノートでは、「機関（の監視）」「ナビゲーション」「離接岸」「防火防災」「居住区」などの想定するサービスが並び、右の長方形に対応するアプリが入る。この時点では、まだ機関の部分に「WADATSUMI」と書かれているだけで、ほとんどのアプリの部分が空白だ。

マルチファンクションコントローラーは、異なるメーカーの機器と機器を統合管理する、船全体のデータシステムを想定している。

船のファンネル（煙突）から線が延びている。たどりつく先は陸上プラットフォームである。堅固なセキュリティーの海上ブロードバンドが船と陸を結び、船のあらゆるデータが陸に送られる。

船と陸とが繋がることで提供できるビジネスは、その上に書かれている。全部で6項目だ。

①修理部品の販売
②船内状況確認画像（船にいるかのごとく）
③MaSSA-One の全データ
④制御全般
⑤管理全船舶の分析
⑥トラブルナレッジの共有

ここで右ページに目をやると、再び安全・効率・環境の文字が並び、「競争ではなく共有（協業）による新しい価値の創造」と書いている。

ＢＥＭＡＣは船の電気機器の総合メーカーであるが、エンジン回り、通信など、まだまだ詳しくない船の分野は多い。さまざまなステークホルダーが一致協力しなければ、止まらない船は実現できない。同じ志を持った企業が集まってアライアンスを結成し、情報や技術を独占せずに共有し合うオープンプラットフォームで船のデジタル化を推し進めることは必須と考えた。

これら構想をブラッシュアップし、２０１８年、ＢＥＭＡＣは、ＭａＳＳＡのコンセプトをリリースした。

コラム2　海外での新たな挑戦～ＥＶ事業～

２００１年に経営理念「光律探求企業」を、そして２００２年にオリジナルコーポレートブランド「ＢＥＭＡＣ」をリリース以来、海洋プラントという従来の枠にとらわれない、光や電気に関する新規事業に取り組んできた。同時に、積極的に海外へ進出し、絶えず新たな挑戦を続けてきた。その象徴ともいえる事業が、電気自動車（ＥＶ）事業であった。

ＥＶ事業への挑戦は、２０１１年に岐阜県にあったＥＶベンチャーをＭ＆Ａしたことに始まる。当時、日産や三菱などの大手自動車メーカーがＥＶ量産車をリリースするなど、自動車の電化に大きな注目が集まっていた。

船の電化については大きな話題とはなっていなかったものの、私は近い将来、必ず船の電動化、電気推進化を進めなければならなくなると考えていた。そのためにも、ＥＶは必ず将来の糧になると確信していた。

ただ、大手自動車メーカーと戦っても価格面で勝てる見込みがなかったこともあり、このときは車両を製造するという考えはなかった。ＥＶの頭脳に当たるビークル・コントロール・ユニット（ＶＣＵ）の開発や、既存のガソリン車にバッテリーを積んでＥＶに改造するコンバージョンＥＶに注力した。

そのような折、フィリピンで、市民の足である「トライシクル」をＥＶに置き換える国家プロジェクトが始まるとの話が舞い込んできた。トライシクルとは、二輪バイクにサイドカーを付けたような車両で、タクシーとして利用されている。アジア開発銀行の投資の下、フィリピンで走る３５０万台以上のトライシクルのうち、10万台を電動にするとの計画だった。

私は、得意としているＶＣＵやバッテリーのマネジメントの部分での参画を検討していた。ところが、参加に前向きだった大手のメーカーなどが離れ、車体を担当する会社がいなくなってしまったこともあり、車両全体の開発に着手することとした。

車体までに手を付けるのはどうだろうとも思ったが、できないことはないだろうと判断した。「やるからには、どうやってでも成功させよう」と社員に発破を掛けた。ＥＶの開発、製造を担う現地法人「ＢＥＥＴ」を設立し、２０１３年に試作車「α１」を、翌２０１４年にフィリピン政府の指定仕様の車を完成させた。

電動トライシクル「68VM」

ところが、当初の予定通りに事態が進まなかった。プロジェクトの入札は度重なる延期がなされ、最終的には入札自体が取り消しに。プロジェクト自体がなかったものとなってしまった。

ＥＶ事業を一日でも早く収益に繋げるために、私はプロジェクトに固執することをやめ、独自車両への開発と舵《かじ》を切った。そこで誕生したのが、現在フィリピンで販売している「68ＶＭ」である。「68TH VENTURE MEMORIAL」の略で、当社の創業68周年を迎えた年に挑戦したことからこの名前を付けた。

その後、フィリピン政府からプロジェクトの再入札を実施することが知らされた。発注台数は３０００台。当初の10万台から比べるとかなり少ない数ではあるが、それでもまとまった数ではある。一度破談になったプロジェクトだけに、応札について社内では賛成、反対のさまざまな意見が渦巻いた。

しかし、最終的に入札参加を判断した。68ＶＭを基にプロジェクト専用モデル「69ＶＭ」を開発し、２０１６年、落札することができた。

日本では、これだけの国家プロジェクトが雲散霧消することなどは考えられない。国家プロジェクトだけではなく、例えば個人間の口約束であっても守られることが多く、守らなければ信用を失ってしまう。

私は、相手が国家であるから安心だと思っていたが、実際はそうではなかった。私の考えが甘かったのである。

2度目の入札発表の後も振り回されっぱなしであった。夜11時頃に政府関係者から電話がかかってきて「明日、香港に来てください」と言われたことが何度もあった。前言を撤回されることも多く、右往左往させられた。

現在、フィリピンでは7000台のEVが走行。そのうち、半数以上の4000台がBEMAC社製である。この中には、紆余《うよ》曲折を経てプロジェクトで納入できた3000台も含まれている。

苦労が多かったEV事業であるが、なしえることができたのは、「BEMAC」というブランドを打ち立てたからだ。

従来の考え方だと「配電盤の会社がなぜEVに」との見方が社内、社外で出たことだろう。しかし、「光律探求企業」の理念の下、光や電気に関するあらゆるものに挑戦していくという姿勢を打ち立てたからこそ、既成概念の枠を超える事業を進めることができたと思っている。

ちなみに68VMは、「とべ動物公園」や「えひめこどもの城」など、地元の子

「とべ動物公園」に展示された「68VM」

どもたちが集う場所にも寄贈しており、ＢＥＭＡＣの存在感をＰＲするのにひと役買っている。

第4章

MaSSAが海運事業の未来を照らす

ＭａＳＳＡを搭載した船

波穏やかな瀬戸内海を、一隻のコンテナ船が進む。その巨大な船体ゆえ、水面には白い航跡がくっきりと描かれている。

大きさもさることながら、目を引くのは船首に取り付けられた球状のブリッジ。「母なる海」というありふれた形容があるが、丸みを帯びたフォルムはどことなく母性を感じさせる。

２０２２年に進水した神戸市の海運業者・井本商運の「のがみ」。全長１３６・５ｍ、幅21ｍ、20フィートコンテナを６７０個積載できる、国内最大級の内航コンテナ船だ。

特徴的な形の舵をプロペラの両側に配置し、空気抵抗を和らげるために煙突を流線型にしたことで、省エネを実現すると同時に騒音、振動を低減させた。

ここまでなら、日本の船舶技術の粋を集めた巨大なコンテナ船、で終わる話であるが、この船にはさらに大きな特徴がある。

それは、ＢＥＭＡＣの次世代船舶支援プラットフォーム「MaSSA-One」。陸にいながら船の様子を逐一チェックでき、トラブルが起きた場合は迅速に解決できる、最新鋭の船だ。

「のがみ」に導入されたMaSSA-Oneは、船を動かす主機に加え、発電機、ボイラー、配電システムのモニタリングを実行し、その結果に応じて、不具合発生時のトラブルシューティングを行い、メンテナンスについての提案を行う。

主機は、兵庫県明石市にあるジャパンエンジンコーポレーション（以降、ジャパンエンジン）のフル電子制御エンジンを使用。発電機エンジンはダイハツディーゼル製、ボイラーは国内トップメーカーの三浦工業のものを使っている。さらに、主配電盤、機関制御盤、データロガーなどのアラームモニタリングシステムなどの電気回りはＢＥＭＡＣの製品を搭載しており、機器はそれぞれメーカーが異なっている。

今回は、ジャパンエンジン、ダイハツディーゼル、三浦工業の協力を得て、サービス提供に必要なデータを選定した。その上で、船内のＩｏＴデータサーバーがそれらのデータをリアルタイムで収集、蓄積する。

集められたデータは、1分おきにMaSSA-Oneの陸上サーバーに送られる。そのデータを各メーカーが分析し、機器に異常が確認された場合は、各メーカーから井本商運へ連絡が行くようになっている。

メーカーの担当者は、洋上の機関士、航海士らに対して不具合の対処法を説明し、必要に応じてメンテナンス方法を提案する。さらには井本商運に対して、機

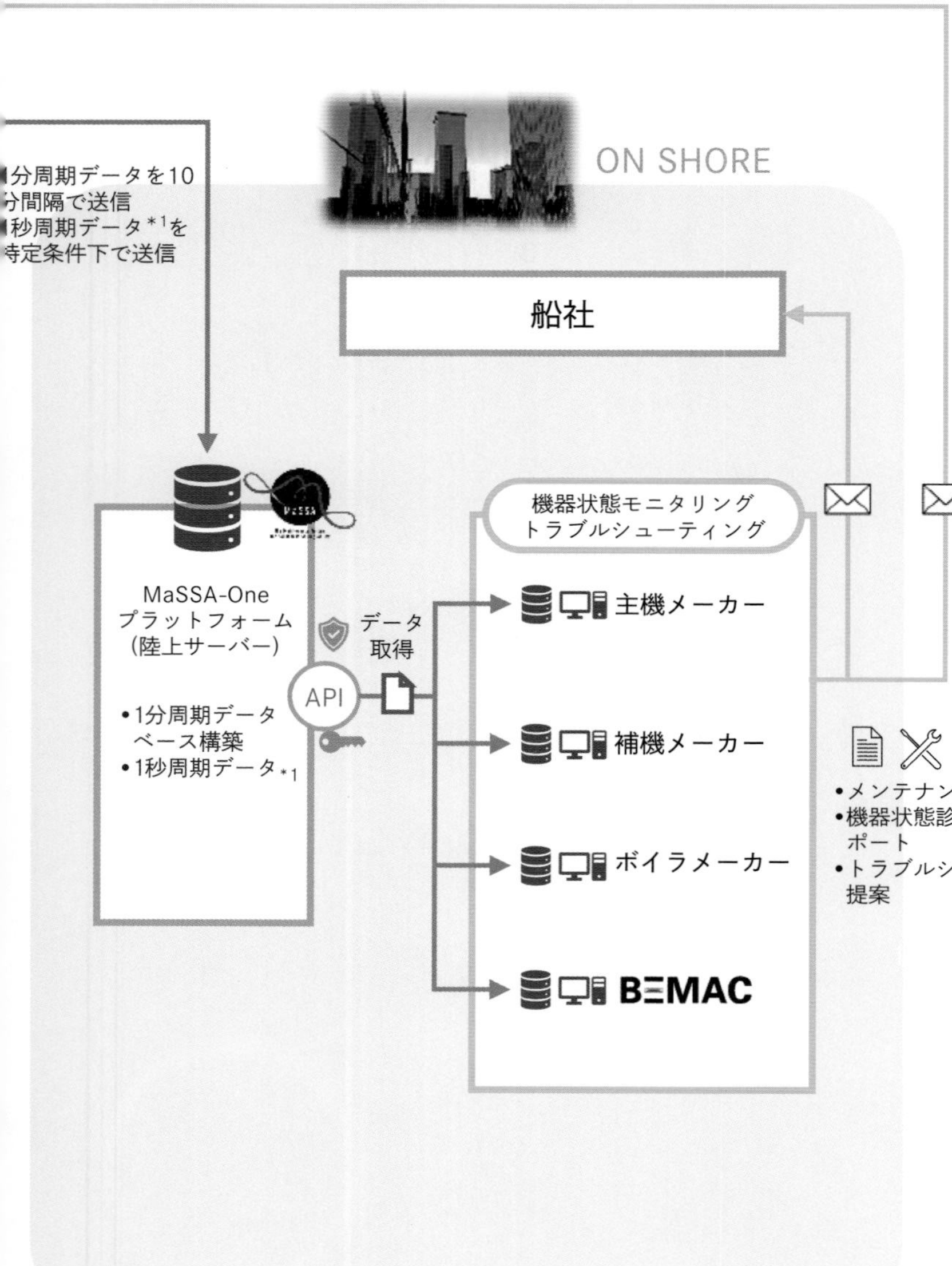

＊1　特定の条件を満たした場合に1秒周期データを陸上サーバーへ送信し、データチャンネル、データ期間は条件ごとに設定できる。

図表4-1　MaSSAパートナーズシップによるサービス提供事例

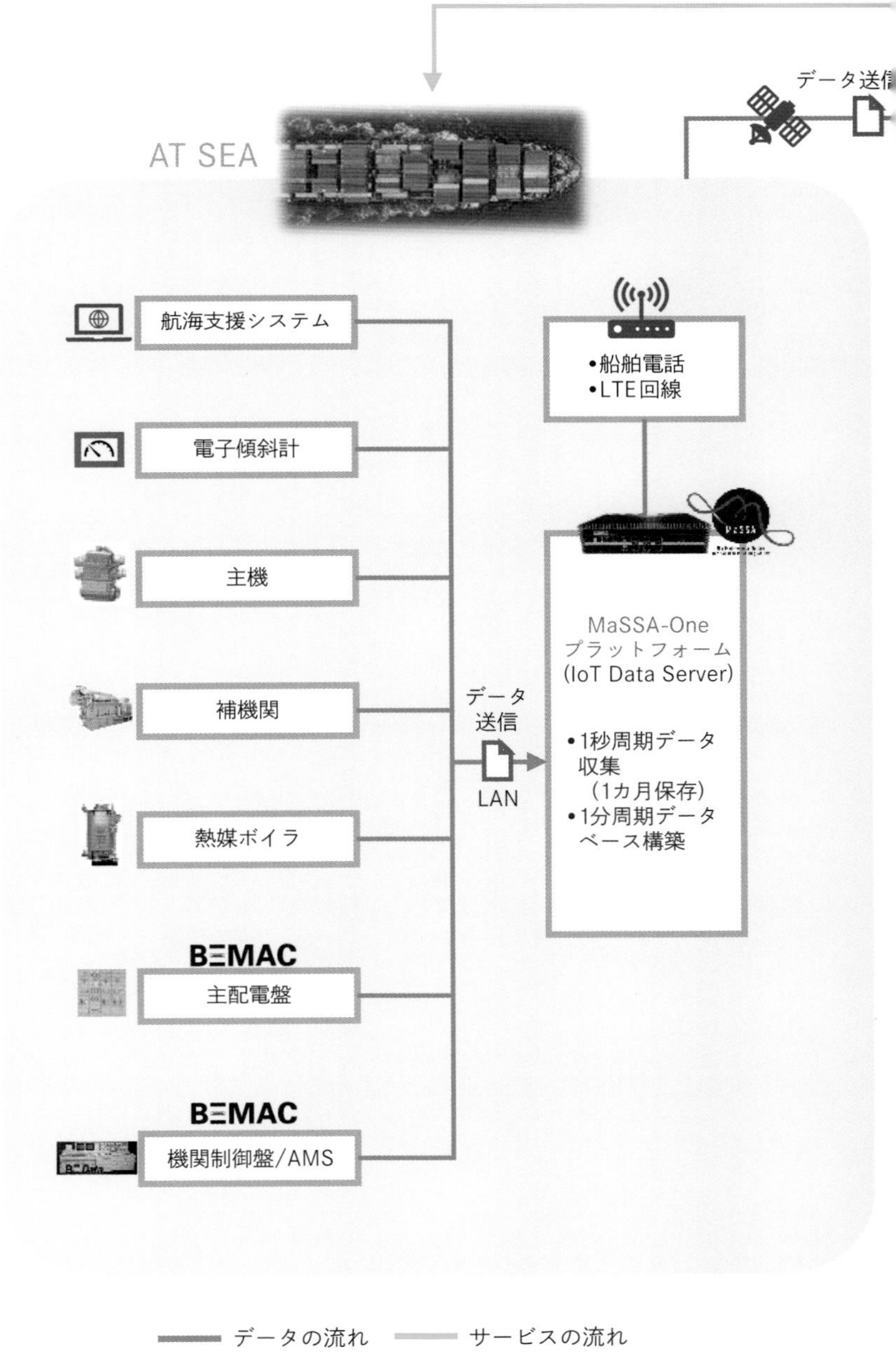

器の稼働状況を診断して定期的にレポートを配信する。

このサービスにより、船員たちは適切なタイミングでのメンテナンスを行い、不具合発生時もメーカーから丁寧なサポートを受けることができ、業務の負担軽減が期待されている。

また、ＢＥＭＡＣをはじめとしたメーカーも、自分たちが担当する機器の状態を常にチェックできるので、不具合の未然防止とアフターサービスの時間短縮を図ることができる。

「決して止まらない船」のコンセプト

ＢＥＭＡＣが「決して止まらない船」を実現するために打ち出したコンセプト「ＭａＳＳＡ」。デジタライゼーションとＡＩの力により、船舶が健全な航行能力を維持し、予定通り安全に目的地に到達するため、さまざまな船舶ソリューションを提供する。

従来の船は、船員がエンジンや発電機、ボイラーなどの状況を船上で常に監視し、日々の安全な運航を実現したり、メンテナンスを行ったりしている。

ＭａＳＳＡでは、船内に搭載した「ＩｏＴデータサーバー」が、船内の各種機器のあらゆる情報を入手し、運航状況や機器の状態を認識。船には船員の業務を支援するアプリケーションをインストールし、機関部分のモニタリングを行う。もし、船舶や機器でトラブルや故障が起きた場合、アプリが異常を知らせるだけでなく、復旧に向けた最善の手順を提示し、船員をサポートする。

陸上にもプラットフォームを設け、船と陸の間は衛星通信できるようにして、IoTデータサーバーから送られるデータをサーバーに蓄積していく。陸にいながらリアルタイムで機器のモニタリングができ、船にトラブルがあったときは、船陸間で連携して対応に当たる。

得られる船のデータは、BEMACだけでなくさまざまなステークホルダーが共有して利活用。一致協力して安全な航行をサポートする。

井本商運は、船のDX化を積極的に推進しており、かねてよりエンジンなど主機のデータを監視するシステムを船舶に導入していた。主機だけでなく、ボイラーや発電機、配電システムなど他のデータも収集し、船の安全に活用するBEMACの考え方に共感していただいた。

「次の新造船のときは、BEMACさん、よろしくお願いしますよ」

このような言葉を掛けていただき、「のがみ」への導入が決まった。

企業風土が異なる4社が、一つの船を見守るというのは、思うほど簡単なことではない。特にサービス内容を4社で統一させるために、各社と何度も話し合いを重ねた。

トラブルが起きたときには各社が復旧方法を随時アドバイスし、場合によっては担当者が駆けつけたりもする。船主側から相談を受けるのではなく、メーカー側が能動的にアプローチする格好だ。

「アラームが鳴ってすぐ、メーカーの担当者から『大丈夫ですか』って連絡が来ましたよ。しっかり見守ってくれているんですね」

井本商運からもお褒めの言葉をいただいている。


ＭａＳＳＡはのがみに実装されているものの、まだまだトライアルという段階である。本実装に向け、今後も各社と意見を交わし合い、サービス内容を少しずつバージョンアップさせていきたいと考えている。

将来的には、システムインテグレーターとして一つの画面で複数の異なるメーカーの機器の様子を監視するシステムを構築することや、見張りがなくても船を自律運航できるところまでＭａＳＳＡを進化させたいと思っている。

決して止まらない船の実現に向け、着実に歩みを進めている。

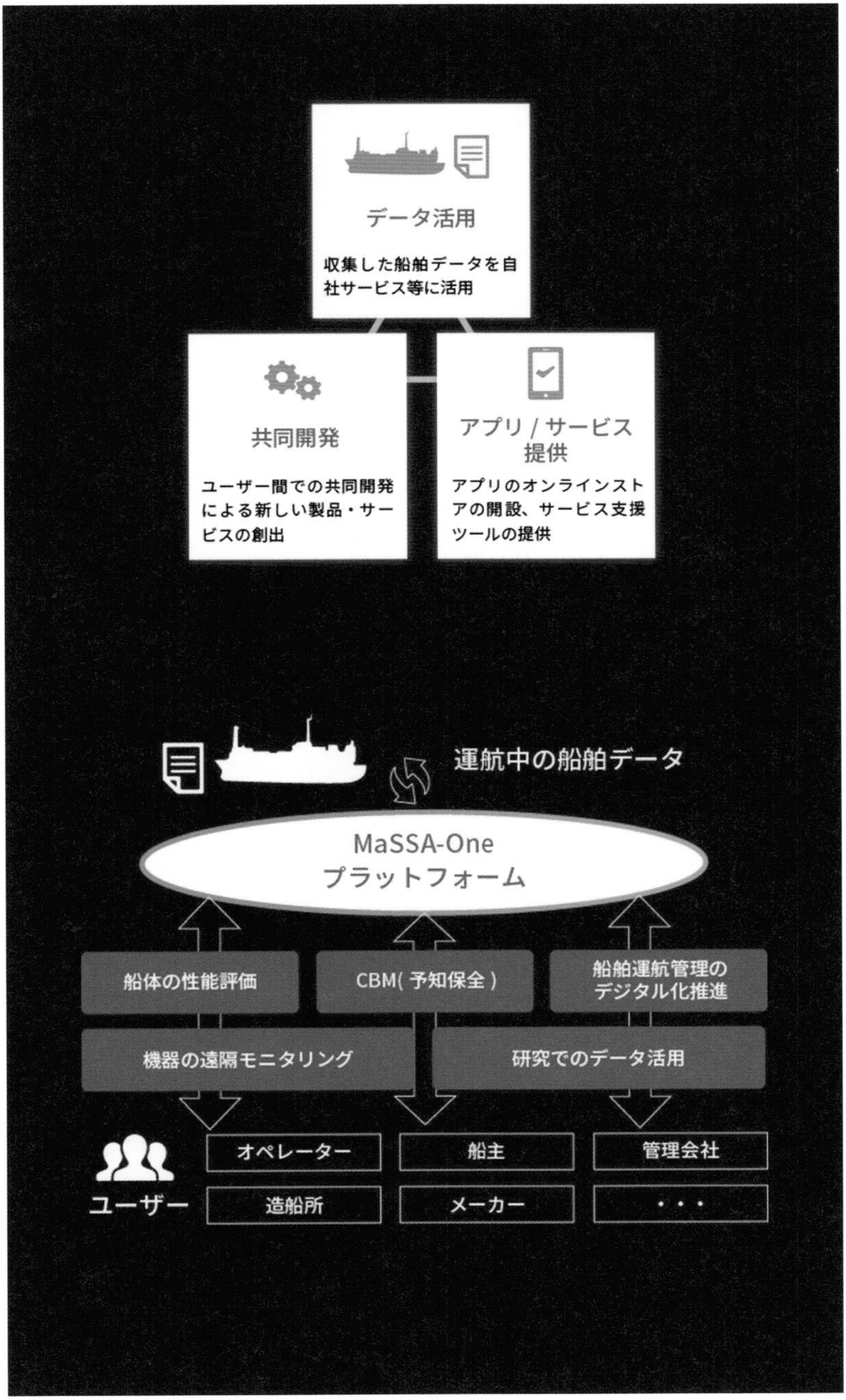
データ活用
収集した船舶データを自社サービス等に活用
共同開発
ユーザー間での共同開発による新しい製品・サービスの創出
アプリ / サービス提供
アプリのオンラインストアの開設、サービス支援ツールの提供
運航中の船舶データ
MaSSA-One
プラットフォーム
船体の性能評価
CBM(予知保全)
船舶運航管理のデジタル化推進
機器の遠隔モニタリング
研究でのデータ活用
ユーザー
オペレーター
船主
管理会社
造船所
メーカー
・・・

ＭａＳＳＡを共につくるパートナー

「まずは１０００隻めざせよ」

さらっと言った私の言葉に、一同はきょとんとしたような目でこちらを見つめてきた。

ＭａＳＳＡをリリースした頃、私は開発メンバーのオフィスに足を運んだ。データサイエンティスト、データアナリスト、エンジニアなど、ＢＥＭＡＣが誇るイノベーションの精鋭たちが集まっている。

私は一人ひとりに励ましの言葉を掛けたのち、１０００隻の船にMaSSA-Oneを搭載することをとりあえずの目標として掲げた。

２０２２年10月現在、70隻の船にMaSSA-Oneを搭載。さらに、２５０隻の受注を得ている。

もちろん、ＢＥＭＡＣの力だけでは、ＭａＳＳＡを進化させることはできない。ＭａＳＳＡを進化させる鍵を握るのが、プラットフォームに参画する「ＭａＳＳＡパートナー」と呼ばれるメーカーの数々だ。

船の電動化、ＤＸ化の進展により、それぞれの船舶機器は高度化している。船

図表4-2　MaSSAパートナー（2023年3月現在）

潮冷熱株式会社	株式会社カシワテック
川崎重工業株式会社 精密機械ディビジョン	株式会社ササクラ
株式会社サンフレム	株式会社ジャパンエンジンコーポレーション
大晃機械工業株式会社	株式会社田邊空気機械製作所
株式会社帝国機械製作所	ナブテスコ株式会社
西芝電機株式会社	日本舶用エレクトロニクス株式会社
日立造船マリンエンジン株式会社	ボルカノ株式会社
株式会社マキタ	眞鍋造機株式会社
三浦工業株式会社	ヤンマーパワーテクノロジー株式会社
株式会社YDKテクノロジーズ	

の電気機器の総合メーカーであるBEMACではあるが、エンジンや推進器など、BEMACよりも豊富な知見や高い技術を持った舶用メーカーはいくらでもいる。

これらのメーカーと情報や技術を共有し、MaSSAを搭載した船のサポートやアフターサービスをしてもらうのがMaSSAパートナーである。

DFFASによる無人運航船「すざく」の実証実験の際は、異分野の企業が結集し、様々な人を巻き込んで自由に開かれた討論をするオープンイノベーションの手法がとられた。MaSSAでも、オープンプラットフォーム方式を採用した。

ＭａＳＳＡパートナーを集めるため、私は全国の舶用メーカーに積極的に参加を呼び掛けた。その結果、２０２３年3月現在、ＢＥＭＡＣを含め20社が集結した。パートナーは今後もさらに増やしていく予定だ。

顔ぶれを見ると、エンジン、ボイラー、荷役作業用のクレーンなど、さまざまなメーカーが集まっている。

パートナー同士で同業他社もいる。ＢＥＭＡＣと同じ電気メーカーもおり、日本舶用エレクトロニクスは電話機や火災探知装置など、ＹＤＫテクノロジーズはジャイロコンパス（方位検出機器）やオートパイロットなどをそれぞれ得意としている。

ＭａＳＳＡパートナーに加わった企業の思惑はさまざまだ。決して止まらない船を実現したいという志に共感してくれた会社はもちろん、「うちなんてＤＸ化はまだまだだが、小田さんが誘ってくれるなら」と経営陣のトップダウンで手探りながら参加を決めたメーカーもある。

そして営利企業である以上、将来の自社製品の普及拡大を視野に入れて加わったところもある。

しかし、私はＭａＳＳＡがすぐにマネタイズできるとは考えていない。少なくともここ数年間で、びっくりするほど利益が出るといったことはあり得ないと考えている。

ただ、ＭａＳＳＡにより、サポートにかかるコストを下げることは可能だ。船舶に搭載した機器を常時モニタリングすることで、アフターサービスの回数減少や時間短縮を図ることができる。

ＢＥＭＡＣを例に取ると、配電盤や制御盤の不具合の連絡を受け、国内外の港へ修理やメンテナンスに行く回数が減り、人件費や諸経費、そして何より社員や代理店の負担が軽くなる。

そして何よりも、いちばんの目的は、船主や海運業者、オペレーターなど、お客様の負担を減らすことである。

ＢＥＭＡＣの熱意とパートナーの期待

ＭａＳＳＡパートナーへの参加呼び掛けは２０１８年頃から始めたが、当初はいぶかしがられて断られるケースも多かった。

舶用メーカーは中小企業が多く、自主独立の精神から自分たちの技術を外に出したがらない会社も多い。

「どうせ御社だけが儲けたいだけなんでしょう」

「なんであなた方に当社の知見を提供しなければいけないのですか」
このようなせりふで断られることもしばしばだった。
むげな断られ方をして、ぼやく社員をなだめながら、私は他の舶用メーカーに対しＭａＳＳＡのコンセプトを丁寧に説明すると同時に、海事業界のため、未来の社会のため取り組む覚悟を見せなければいけないと思った。

ＢＥＭＡＣ社員の粘り強いアプローチで、ＭａＳＳＡパートナー参加を決めた企業もある。船舶用エンジンの製造で知られる日立造船マリンエンジンもその一つだ。

日立造船マリンエンジンには、特命ＭＰデジタル推進室の長野純也が折衝した。最初のアプローチでは、将来マネタイズできるかどうかの不安や、船のデータの活用法が手探りの状態で、色よい返事は得られなかった。

「MaSSA-One で集めたデータを活用し、主機の性能を診断できるアプリケーションサービスを船主さんたちも熱望しています。MaSSA-One と一緒にデータ活用を進めませんか」と訴えた。

最後には、ＭａＳＳＡパートナーへの参画を決定。２０２２年にアプリケーションサービス「HiZAS®VDA」をリリースした。

長野純也　特命ＭＰデジタル推進室主事

HiZAS®VDAは、船の速さ、燃費などの主機に関するデータを解析し、主機性能に燃費が下がるなどの異常が見られればアラームで陸上に知らせるアプリである。このアプリに対する船主の評価は極めて高く、MaSSA-Oneとセットにして導入が進んでいる。

このアプリを多くの船主に利用してもらうべく、BEMACも希望されるデータは惜しみなく提供。MaSSA-Oneを船舶に導入する際の設計でも、日立造船マリンエンジンの意見を採用させていただいた。現在、日立造船マリンエンジンはMaSSA-Oneを搭載した数十隻を超える船舶に対し、HiZAS®VDAを提供するまでになった。

長野は後日、担当者と飲みに行く機会があった。互いに労をねぎらう中で、次のような言葉が掛けられた。

「うちも各社にさまざまな要望をしていますが、唯一BEMACさんだけは何を言っても断られなかった。技術面、営業面での強力なサポート体制、細やかな対応が抜きん出ていて、しびれましたよ」

「プラットフォーマーとしてのBEMACが評価されたこの一言で、これまでMaSSA-OneとHiZAS®VDAの連携に尽力した、みんなの苦労がすべて報われた気がしました」と長野は振り返る。

ＢＥＭＡＣとＭａＳＳＡパートナーは、定期的に「ＭａＳＳＡパートナー会議」を開いている。パートナー企業が収集した船舶データの活用事例を発表した。これまでの取り組みを振り返り、今後の展望を話し合っている。

発表では、安全な船舶の運航を実現するために各社が抱えている課題や、ＭａＳＳＡに対する期待、将来展望などが寄せられている。

船用ボイラーバーナ、焼却炉などを製造するサンフレムは、ボイラーなどがトラブルを起こしたときに情報がなかなか届かず、管理会社、メーカー双方が苦労していたという。

そこで、同社がもつサポートシステムとMaSSA-Oneが収集する船のデータを連携。部品の交換時期のお知らせ、メンテナンス方法の提案、燃費のいい運転方法や安全な運転方法のアドバイスを行っている。

発表では、「本船からの安定した船舶データ取得にとどまらず、船用メーカーの連携による各機器情報を一括管理可能なダッシュボードの構築、部品販売での連携などを進めていく」という将来像が語られた。

日立造船マリンエンジンは、船舶エンジンの解析アプリケーションサービス

て利用している。

「HiZAS®VDA」を開発。MaSSA-Oneをデータ利活用のプラットフォームとし

「ユーザーと会話する機会が着実に増えており、顧客とのコミュニケーションが充実してきている」と手応えを話す。今後は、顧客ニーズを継続してヒアリングしていき、サービスを充実させていくという。

ボイラの三浦工業も、船舶通信環境の発展に伴い、IoT化を検討、MaSSA-One搭載船でデータ収集のトライアルを実施した。「ウェブアプリケーションの開発を進めお客さまに喜んでいただけるメンテナンスサービスを開発したい」と意欲を表明した。

BEMACとしては、自社アプリだけでなく、各船用メーカーが開発するさまざまなアプリにMaSSA-Oneを活用してもらいたいと考えている。MaSSAパートナーと強固なスクラムを組み、船の安全を実現していきたい。

バラバラのデータをまとめ、蓄積するサーバー

MaSSAパートナーの船舶機器のデータを集め、蓄積し、陸上のプラットフォームに随時送信するのがIoTデータサーバーだ。機関、荷役、航海など船

内のあらゆるデータを取り扱う。

ＢＥＭＡＣは、もともと船内の機器のデータを集め、異常があれば警報を鳴らすデータロガーを古くから手掛けており、データ関連の機器は得意としていた。このメリットを生かし、ＭａＳＳＡに合うようにさらに改良を重ねたのがＩｏＴデータサーバーだ。

データを集めると一言で言っても、船内の機器はそれぞれ違うメーカーがつくっており、それぞれ規格も形式もバラバラだ。特に主機や補機（発電機）などのエンジンになると、造船所や船主によって、データフォーマットも異なっている。ＩｏＴデータサーバーでは、これら機械によって形式がバラバラのデータを、統一した規格に変換して蓄積できる。

例えれば、「録音機」に「翻訳機」の機能が備わったようなものといえるだろう。井本商運の「のがみ」を例に説明する。

のがみの場合、エンジンはジャパンエンジン（本社・兵庫県明石市）、発電機はダイハツディーゼル（本社・大阪市）、ボイラーは三浦工業（本社・松山市）、配電盤はＢＥＭＡＣ（本社・今治市）でつくられている。それぞれの機器が、方言を使っていると考えてほしい。

不具合が起きた場合、エンジンは神戸弁で「壊れとうで」、発電機は大阪弁で

「つぶれよりまっせー」、ボイラーは松山弁で「壊れよるぞなもし」、そして配電盤は今治弁で「めげよるわい」と声を出す。それぞれ違う言葉で症状を訴えられても、情報を受ける側は混乱してしまう。録音も異なった言葉で記録され、後々文字に起こしたり、活用したりするのに不便だ。

ＩｏＴデータサーバーは、いわばこれらの方言を聞き分け、すべて「壊れています」という標準語に変換し、録音する役割をもつ。この標準語に当たるのが、ＩＳＯ１９８４７、ＩＳＯ１９８４８という国際標準。ＢＥＭＡＣはこの国際標準のルール作りに参画しており、いわば自分が作成に携わった言葉であるから変換も容易にできる。

ここでは日本語の方言を例に出したが、機器は国内製だけとは限らない。米国、英国、ドイツ、スウェーデンと、ＩｏＴデータサーバーは主要国の製品機器に対応している。

形式がバラバラのデータを国際規格に準拠した形式に統一することで、船内のさまざまな情報をビッグデータとして活用しやすくなる。単純にデータを集めて見える化するだけでなく、利用しやすくすることで、さまざまなアプリへの活用が期待されている。

集めた情報は、陸上のプラットフォームに送られ、機器の稼働状況などが船主、船用メーカーにリアルタイムでもたらされる。

これまでも、船の管理会社やオペレーターが船主や荷主に対して「ヌーンレポート」という形で報告されている。機器の稼働状況や、船の位置や速さ、燃料消費量、風速などの気象海象などが陸上にもたらされる。しかし「ヌーン（正午）」の名の通り、1日1回なので、即時性に乏しい。

一方、機器を即時監視するデータロガーはそれなりに即時性があるものの、あくまで異常を監視するものなので、船の状態全般の見える化という点では限界がある。

IoTデータサーバーは、船から陸へ1分に1回というペースでデータを送信。さらに、船のさまざまな情報を可視化することも可能だ。

とはいえ、船陸間の通信はまだ陸上のようなブロードバンドになっておらず、発展途上である。そのため、1時間に1回などというように間引いて送信することもできるようにしている。

IoTデータサーバーは、2017年より開発が始まった。BEMACの社員に加え、中国にあるソフトウエア設計の現地法人BEMAC CONTROL（略称B

ＥＣＯＮ）の協力も得て、２０１８年にドラフト品の開発が完了した。陸上で十分なデバッグ（プログラム内の誤りを修正する作業）を行い、数隻の船に試験搭載した。しかし数カ月後、仕様と異なる動作をすることが発覚。担当者は原因究明と対策に奔走した。

それでも、搭載後データをさまざまな活用できるという先進性は多くの船主、海運会社に評価された。大型発注をいただいたときは、すべての関係者の努力が報われたと非常に感慨深かった。

データの翻訳、蓄積、送信ができるＩｏＴデータサーバーだが、ただ蓄積するだけでは意味がない。蓄積したデータをいかに活用していくかが鍵だ。

MaSSA-OneやＩｏＴデータサーバーのリリース以前から、ＢＥＭＡＣは船内機器の情報を集め、活用を模索していた。「とりあえずセンサーを付けて、情報をいっぱい集めたら何かできるやろ」というノリで集めていったが、意外と何もできなかった。

やはり、お客様が困っていることをくみ取ることが大切なのだと痛感した。船主や船舶管理会社に対し、どのような情報を見たいか、船のどこを把握したいか、今も積極的に聞き取りしている。

「ＩｏＴデータサーバーを確立させたことで、船内のデータを利用活用できる環境が整いました。このデータから付加価値の高いアウトプットが得られるよう、今後さまざまなアプリの開発を進めていきたいと思います」

ＢＥＭＡＣのデータサイエンスを担う東京データラボの室長・中内大介は可能性についてこのように示す。次項以降でＭａＳＳＡのアプリケーションについて順次説明するが、それ以外にも、今後さらにアプリケーション群をリリースしていく所存だ。

リスクの芽を見逃さない「MaSSA Insight（WADATSUMI）」

中内が話したように、ＩｏＴデータサーバーで集めたデータを、さまざまなアプリによって利活用できるようにする「MaSSA-One」。そのアプリ第1号として開発し、２０２０年にリリースしたのが、「MaSSA Insight（WADATSUMI）」だ。

MaSSA Insightは、機関、航海、荷役などの膨大な船内情報を分析し、船員にわかりやすく情報を提供するアプリ。情報はトレンドグラフで表示され、本当に必要としている情報を、スキルや経験にかかわらず知ることができる。

運航状況やデータのパラメータなどは、あらかじめ条件を設定し、その条件を満たした際にアラートが鳴るようにする監視機能も装備している。

半年後には陸上版のアプリをリリースし、陸にいながら船と同様に情報を見ることができるようにした。

船用機器は、経年劣化によってどうしても不具合が起きていく。その進行は、機器によって異なってくる。情報のビューアー機能に加え、機器の監視、異常検知、原因推定、復旧作業という一連の作業をMaSSA Insightが担うことで、人間が見逃してしまうリスクの芽を摘み取ることができる。

MaSSA Insightの賢さの一つとして、ナレッジアラームと呼ばれる機能がある。船舶管理の経験を反映した独自のアラームを設定できる。

「船のアラームというのは、オオカミ少年になり得るんです」

中内の上司に当たる、船舶デジタル化推進のトップでもある東京支社長・寺田秀行は、現状の船舶警報システムの問題点を独特の比喩で説明する。「オオカミが来る」とうそをつき続け、本当に来たときに誰からも信用されなくなったイソップ童話を引き合いに出す点が、いかにも寺田らしい。

船舶の警報システムは、監視対象の機器のデータが条件を超える値を出した際、船員らに知らせる仕組みだ。しかし「条件を超える値」と一口に言っても、外海の航行、輻輳海域の離合など船のシチュエーションによって異常と判断されたり、正常と判断されたりする。

人間の体で例えると、空腹時に記録する血糖値１４０㎎／dℓは異常値だが、食後なら正常、といった具合である。

従来の警報システムは、船のシチュエーションを判断せず、杓子定規に警報を鳴らしてしまう。

「航行場所によっては、アラームが鳴りっぱなしという場合もあります。ですので熟練した船長さんや機関士さんによっては、航行場所などを加味してアラームが鳴っても無視する方もいます。中にはアラームを切ってしまう人もいるそうです」

鳴り続けるアラームは、寺田の言う通りオオカミ少年となっている。

「そこで、MaSSA Insightでは、複合の条件でアラームを設定できるようにしました。自動でお知らせすることにより、船長さんや機関士さんの負担が減るようにしています」

例えば、「エンジンの圧力が一定数以上になる」「他の機器の電力差が一定数以上になる」という両方の条件が重なったときにアラームが出される、といった具合だ。複合の条件にすることで、船のシチュエーションを考慮したアラームの発出を可能とした。

寺田秀行　執行役員
東京支社　支社長

MaSSA Insight -WADATSUMI-

データビューワー機能、ユーザー独自のアラーム設定機能、発電系統のトラブルシュート機能を兼ね備えた船上／陸上アプリケーション

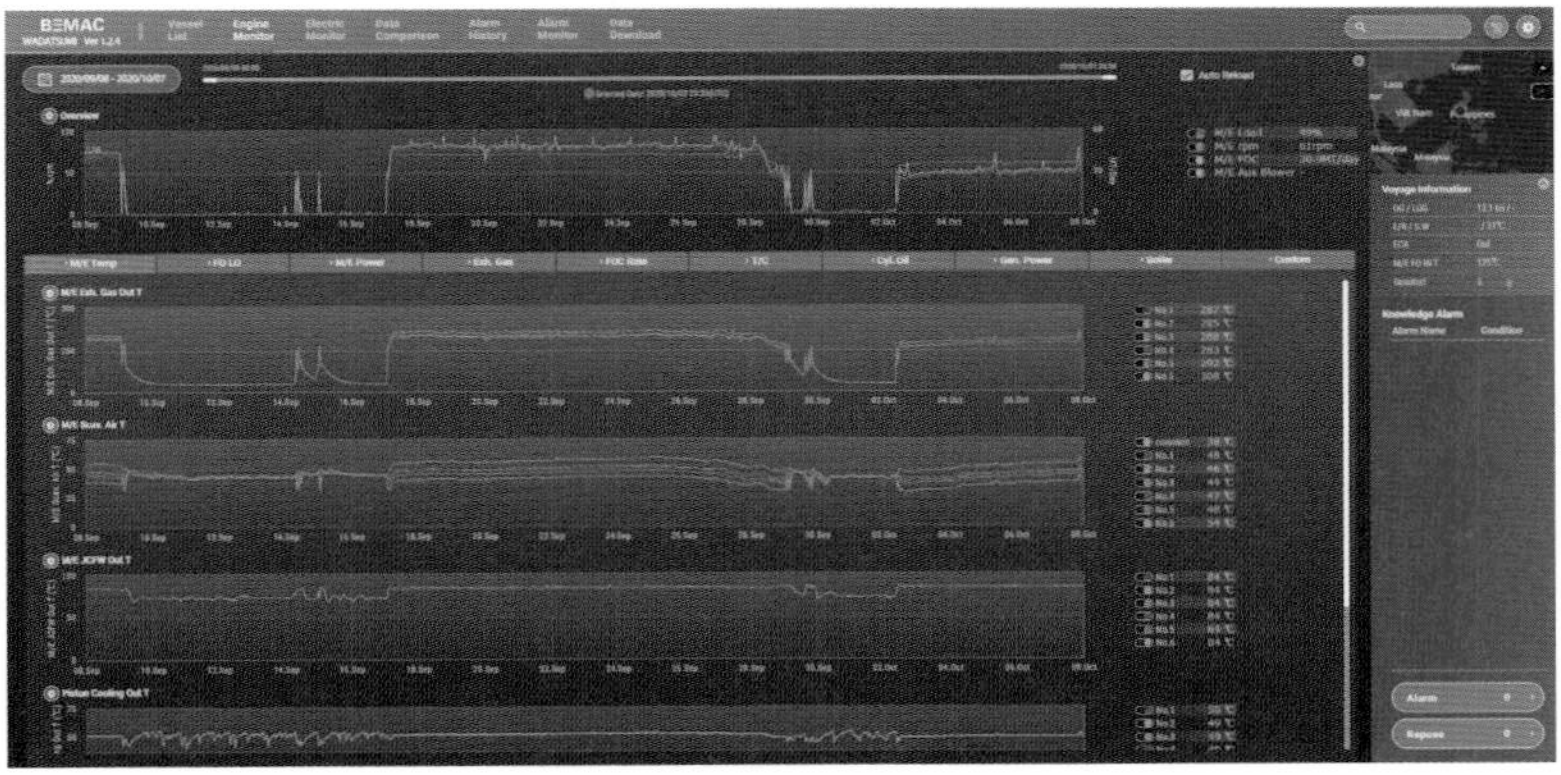

さらにデータは、CSVファイルなどで取り出し、一般によく利用される表計算ソフト・エクセルで閲覧することも可能だ。

MaSSA Insightは状況を柔軟に判断し、必要な時に的確にアラームを鳴らしてくれる。あたかも熟練のキャプテンを乗せているかのように。

「めんどい機械は使えんで」

MaSSA Insightで開発陣が最もこだわったのは、画面のデザイン設計だった。

パソコンのメイン画面は、至ってシンプル。画面のほとんどはデータの推移を示すトレンドグラフで占められ、他の補助的要素は極力排除した。上部のエンジンモニターや電気モニターの部分をクリックすれば、主機関係、電気関係それぞれのデータの閲覧切り替えも容易にできる。

そのために、徹底して利用者の声を反映するようにした。

「あんまりマニア好みにつくり込んでいくと、利用者にとってはかえって使いづらいものになってしまいます。お客様の声を聞き、使いやすいインターフェースにしていくところはすごく気を使った部分です」

東京データラボの室長・中内も語る。

MaSSA Insightを船主や海運業者に紹介した際、多くのお客様が機能や必要性に共感してくれた。しかし、DX化の必要性を感じていながら、難しそうなのでなかなか手を出すことができないという業者が多かった。

「小田さん、便利そうな機械やけど、あんまり難しいものは私ら使えんで」といった言葉を掛けられることも少なくなかった。

多くの人に利用してもらうためには、アプリの動作を簡単にすることは必須条件である。マニュアルを見なくても操作可能で、かつ、船の安全運航に対し効果が得られるという実感を持ってもらえるようなアプリ開発をめざした。

そこで、すでにＩｏＴデータサーバーなどにより船のデータ活用を積極的に行っていた業者に対し、繰り返しMaSSA Insightのサンプルアプリを持って行き、使用感や機能性について忌憚なく意見を言ってもらうようにした。

サンプルアプリを持って行く頻度は、月に1回。短い周期で設計、実装、テストを繰り返す「アジャイル開発」と呼ばれる手法である。

最初のサンプルでは、業者から「画面が見づらい」「確認したいデータの画面まで到達しない」「操作方法が複雑」など、さまざまなお叱りの言葉をいただいた。

一方で、ＢＥＭＡＣがノウハウを持っていない機関プラントに関する基礎知識や、実際の機関士の仕事について、一つひとつ丁寧に教えていただいた。ＢＥＭ

ACと一緒に良いアプリをつくっていこうという気持ちを強く感じた。

メーカーと顧客の双方の力で開発していったMaSSA Insight。MaSSAが想定するオープンプラットフォームでの開発が実践された例となった。

「とはいえ、私たちはMaSSA Insightの開発をこれで終わらせるとは思っていません。アプリの使い方についての定期的な教育と並行して、アプリの改善を進めていこうと思っています」

東京支社長の寺田も意気込みを語る。さらにユーザー目線でカスタマイズしていき、使いやすいアプリをめざしていく。

「ユーザーにとって極力使いやすいものにしないと。使えないものをつくっても意味がないですからね」

蓄積した事例から最善の解決法を見いだす

MaSSA Insightに続いて開発したのが「Electric Trouble-shooting」。その名の通り、発電機の不具合を解析するアプリケーションだ。

船内で突発的に生じる電源喪失（ブラックアウト）は、操舵装置などの重要機器が一瞬のうちに停止することで操縦不能となり、最悪の場合他船との衝突や座礁などの海難事故を引き起こす。

ブラックアウトが起きたとき、船員は機器のメーカーに対し、電話や電子メールなどで状況を報告。船名、症状、機器のどのランプが付いているか、あるいは消えているかなどを伝達する。

報告を受けたメーカー各社は、原因や対策を検討し、復旧手順を知らせる。トラブルが深刻だったり、複雑だったりした場合は、サービス員が船まで行き、復旧をサポートする。

ただ、メールや電話でのやり取りは、どうしても情報量に限界がある。電話などでお互いの会話がかみ合わず、とんちんかんなやり取りが続くというケースは、船員でなくても日常生活でよくあるケースではないだろうか。

船の電化が進んでいる昨今、ブラックアウトは船員において脅威となるインシデントの一つといわれている。発生した場合、できるだけ早く船内電源を確保し、船の航行能力を取り戻さなくてはいけない。

ブラックアウトの復旧までには通常でも半日程度を要し、長ければ1日以上かかる場合もある。船の運航には1日当たり何百万円ものコストを要するので、止まればその分ロスが出てしまう。さらに積み荷を期日までに届けることができなければ、その責任を負うこととなる。

ブラックアウトに陥ったとき、とんちんかんなやり取りをしている猶予は、1秒たりともないのである。

Electric Trouble-shootingは、ブラックアウトが発生した際にAIが不具合発生前の50秒、発生後10秒のデータを0・2秒間隔で取得し、自動診断で原因を推測し、蓄積された過去の事例をもとに復旧手順を提案する。

これまで半日以上かかっていた原因対応・復旧が、瞬時にできることとなる。


このアプリの開発は、アフターサービス部門の武方敦史からのリクエストがきっかけだった。BEMACの開発部門やアプリケーション開発会社の社員だけではなく、設計部門やアフターサービス部門も加わり、多数の部署での共同開発という体制を取った。

BEMACのアフターサービス部門で蓄積されていた過去の不具合事例や対策方法をベースとして、BEMAC独自で開発を進めていった。

このアプリにより、不具合発生から解決まで数日かかっていたのが、わずか数時間にまで短縮することができた。

1日以内にファーストレスポンスするBEMAC伝統の「ワンデーサービス」

が、ワンアワーサービス、そしてゆくゆくはＡＩを活用することでリスクを未然に検知するようなビフォアサービスになるかもしれない。

複数の自社船舶を一括管理

MaSSA-One による船の見守りは、１隻だけにとどまらない。一枚の世界地図に複数の自社船舶を表示し、正常に航行しているかを一括管理することができる。

これを実現するアプリが「MaSSA Ship Manager」である。

陸上の地図モニターに、船の位置や船名などが映し出されている。MaSSA Insight のナレッジアラームがトラブルを検知すると、船の脇に「！」マークが現れ、異常を知らせる。「！」マークを押すと、トラブルの詳細を確認することができる。

この MaSSA Ship Manager には「Sea Area Setting」という機能がある。あらかじめ海域を設定し、自社の船が指定海域に差し掛かったとき、陸から船へ自動でメッセージを送る機能だ。

例えば、追い越しが禁止されている区間や、外航船の場合海賊が出没する区間、燃料の切り替えが必要な海域などをあらかじめ登録しておけば、船がその海域に差し掛かったタイミングで注意を促すメッセージを自動送信することも可能だ。「このタイミングでメッセージを送りたい」という場合に役に立ち、陸側の労務を軽減することに繋がる。

アプリの作成に当たっては、何よりも視認性や一覧性に心を砕いた。試作の画面を作成し、船主にヒアリングしていった。

折しも、モーリシャス沖で日本の海運会社の船が座礁した事故が起きて間がない時期で、船主の安全管理に対する意識は高まっていた。「計画航路を逸脱していないかを警告する機能を付けてくれ」といった要望も出された。

MaSSA Ship Manager はまだリリースしたばかりということもあり、船主のすべての意見を反映できてはいない。今後もバージョンアップを重ねていく予定だ。

ＭａＳＳＡの進化を担う東京データラボ

MaSSA-One のアプリケーションの開発、性能の向上を担う中心的存在なのが、中内らが所属する東京データラボ。「決して止まらない船」という新しい価値をステークホルダーに提供する研究開発組織である。

ＢＥＭＡＣでは以前より東京支社を置き、大手への営業、業界の最新動向などの情報収集、ユーザーニーズの早期掘り起こしなどを行っていた。

中内大介　イノベーション本部
東京データラボ室長

しかし、船のＤＸ化が進むにつれ、システムの企画から開発までのいわゆる「上流工程」の開発やデータサイエンスなどのスキルが求められるようになった。地方ではまだ少ない上流開発ＳＥやデータサイエンティストの活躍できる舞台として、今治の本社と並ぶ開発部門として２０１８年９月に東京支社内にデータラボを開設した。

これに伴い、支社を虎ノ門から当時オープンしたばかりのミッドタウン日比谷に移転。オフィスは最上階に近い32階にある。

東京のシンボルともいえる複合商業施設のタワーにオフィスを置くのは、今のＢＥＭＡＣにとっては分不相応かもしれない。しかし、一流の研究者、開発者に一流の仕事をしてもらうために、一等地にオフィスを構えるというのは、ＩＴ業界では当たり前のマインドとなっている。

優秀な人材のためには研究環境の整備を惜しまないつもりだ。かつて「ローカルメーカー」と呼ばれて以来、常に高みを見据え、それにふさわしい実力を付けてきた。

「船舶の分野は、すでにＥＶが進んでいる自動車など他のモビリティー分野と比べると、手つかずの良質な課題が多く残されています。そんな課題に対し、さまざまなステークホルダーを巻き込みながら、新たな解決策を創出していきたい」

東京データラボの室長を務める中内は、自身たちの使命についてこのように話している。

もともと今治市出身。父親は地元で船舶の機関設計に携わっており、少年期から船は身近な存在だった。大学の工学部で電気や情報を学んだ後、経済産業省に入省。「父親のようにものづくりで頑張っている方たちを応援したい」という思いからだった。特許庁、経済産業省で知的財産・IT分野の産業政策の企画立案、内閣府で知的財産やデジタル分野の戦略策定に携わった。

その後、2020年から今治市役所に出向し、私との接点が生まれる。行政マンとして、市の産業政策全般を見ているうちに、海事クラスターの可能性と、幼い頃から見てきた父親の背中がクロスオーバーし、BEMACに飛び込んできた。

BEMACの印象について、中内はこのように話す。

「若い人たちがすごく活躍している会社だと思います。会社の発展だけではなく、地域の発展、そして海事産業全体の貢献に向け、力を合わせていきたいと思います」

BEMACのDX化について感銘を受けた点では、中内の上司である東京支社長・寺田も同じだったという。

「『とにかく四の五の言わずに船のデジタル化を進めていくんだ』というメッセージを強烈に発している点に共感しましたね」

寺田も中内と同じ転職組。前職では舶用商材の輸出に携わり、東南アジア、北米などで営業・マーケティングなどを担当。BEMACに来る直前までは、船舶用の衛星通信回線を提供する仕事に携わっていた。

中内の前任として、東京データラボの室長も務めていた寺田。MaSSA-Oneのアプリの今後の展望について、ユーザーファーストの開発を心掛けるという。

「Electric Trouble-shootingをリリースしたとき、船を動かす主機でもトラブルシューティングを行ってくれという意見がすごく寄せられました。今後は、発電機以外のいろいろな分野に広げていきたいと思っています。

とはいえ、BEMACは主機についてはあまりノウハウがありません。やはり、MaSSAパートナーと協力し、得意なところを『餅は餅屋』でやっていく必要があるでしょうね」

BEMACは、グループ内に設計、製造、工事、アフターサービスまでの一貫した現場部門を持っているのが強みだ。東京データラボでは、BEMACが蓄積した豊富な知見やノウハウといったドメイン知識を最大限活用し、さらにMaSSAパートナーや外部研究者と協力しながら、イノベーションを作り上げていく。

ネジ1本にも「止まらない船」の魂を宿す

BEMACの「止まらない船」を支えているのは、DXの技術者やデータサイエンティストだけではない。国内シェアナンバーワンを誇る船舶機器の製造をはじめ、艤業である電気工事、さらには調達、営業部門など、さまざまな職種の社員たちによって支えられている。

製造本部では、配電盤、制御盤、データロガー、ばら積み船やタンカーの荷役監視システムなど、あらゆる船舶用機器を製造する。

通常は、造船所や船主といった顧客の要望に応じて作られた仕様書や設計図を基に、製品を組み立て、正確に動作するかを検査し、造船所などに出荷する。

しかし中には、船の走行中、または建造中に、火災などの大きなトラブルが発生することにより、イレギュラーで機器の製造の仕事が舞い込むことがある。「特急品」と呼ばれる、納期が短い製品である。

当時、製造部門のトップであった安陪貴之は「特急品を求めるお客様は、困っ

安陪貴之　執行役員 システムインテグレーター担当

た様子で注文してきます。このような場合でも『必ず何とかするぞ』と言ってまとまるところが、うちのすごい所だと思いますね」と話す。

MaSSA-Oneのアプリを使えば、船のトラブルを未然に防ぐことができる。「決して止まらない船」の実現により、船主やオペレーターなどにとって安心なのはもちろんであるが、製造する立場にとっても、特急品のようなイレギュラーの発注が今後少なくなるかもしれない。

決して止まらない船に向け、ものづくりの現場も絶え間なく努力を続け、社会に貢献している。

調達本部では、製造だけでなく、電装部門などグループ全体の調達を一手に担っている。

現在この部門のトップを務めるのが、中嶋健志グループ調達本部長。2019年に中途入社するまで、大手電機メーカーなどで調達畑を長く歩むなど、その道のプロフェッショナルである。

大学では電気を専攻し、設計の仕事を志望していた中嶋。就職活動でめでたく大手メーカーに内定し、電気のソフトを設計しようと息巻いていた。しかし入社後に配属されたのは、まったく思い描いていなかった資材部門。やるせなさに、何度も仕事を辞めようと思った。

しかし、海外に駐在し、半導体から鉄、プラスチックに至るまで、すべての資材調達を広く任されるうちに、奥深さに惹かれていった。「調達を一生の仕事としよう」。そのように決意したという。


調達本部の結束を象徴するエピソードがある。

ある得意先の造船所の役員の方が、ずいぶん慌てた様子で私の元に連絡を入れてきた。

「建造中の船の配電盤を焼損させてしまった。小田さんところで何とか造ってもらえないだろうか」

いつもの特急品の発注か、と思ったが、話を聞いてみると難儀であった。

何でも、私に連絡する前に、いくつかの配電盤メーカーに問い合わせをしたとのこと。しかし「部品がない」「リードタイムがない」などの理由で、すべて断られていたという。他社をたらい回しにされたあげく、BEMACにお鉢が回ってきたケースだった。

「わかりました。何とかしましょう」

私は即座に返事をし、すぐに中嶋を呼んだ。

中嶋健志　グループ調達本部長

「部品がどこにもないらしい。当たってもらえるだろうか」

「わかりました」

私が造船所の役員にした返事以上に、中嶋の返事は早かった。

中嶋はすぐ、調達本部の全メンバーを招集した。

「全国の部品メーカーをしらみつぶしに当たって、緊急納品をお願いしよう」

全メンバーといっても、15人というＢＥＭＡＣの本部の中では小所帯である。この15人が、一社一社頭を下げて納品を頼み込んでくれた。そしてとうとう、必要数の部品を確保したのだ。

これと別の話もある。ある大手メーカーの部品が枯渇したことがある。最低１２０個はないと、生産に支障を来してしまう状況だった。

このときも、全国の代理店全３００社に社員が手分けして電話。うち10社ちょっとで在庫が残っており、中には最後の1個というところもあった。それらをかき集め、何とか１２０個を集めることに成功した。

何十万、何百万という部品を調達する大手メーカーにとっては、１２０個というのは誤差の範囲。ところがＢＥＭＡＣの場合、この誤差の１２０個を集めることこそが、お客様の信頼を得る手段なのである。

ＢＥＭＡＣの祖業である船内の電装。機器の取り付け、電線の敷設など、船のＤＸ化と縁遠い仕事のように思える。

しかし、エンジンなどの機関部分、舵やスクリュー、スラスターなどの推進器の情報は、船内に敷設した電線を通じ、キャプテンが指揮を執る「船橋」に集められる。電装なくして、船のＤＸは実現しない。

電装本部は、社員３５０人。関連業者や外国人労働者を入れると５００人を超える。ＢＥＭＡＣ一の大所帯だ。

電装本部長の山本英司は、部下に対し「プロとは言い訳しない」「工事で嘘をつかない」の二つを常に言い聞かせているという。

電気の配線は、通常はむき出しではなく、船内の見えないところに配置される。船の保証期間は大体25年が相場なので、最初に工事をしてしまうと、25年間そこを開けることはない。つまり、配線工事で妥協を見せたり、不具合があるのにないと嘘をついたりすると、重大なトラブルの原因となりかねず、ＢＥＭＡＣの信頼を損ねることになるのだ。

山本は私に対し、以下のように話している。

「電装工事の仕事は、ＭａＳＳＡからしたらどことなく遠いところにいるイメージがあるかもしれません。しかし、締めるネジ１本にも、決して止まらない船を

山本英司　電装本部長

つくるぞという精神を宿して仕事をしています。先輩たちが昔締めたネジにも、その精神は宿っているはずです」

この長年たくわえてきた電装技術が今後、「船の電装&システムインテグレーター」をめざす当社としては、大きな力となっていく。

顧客第一のワンデーサービスと営業

BEMACの船の電気工事は、新造船の際の機器の取り付けに限らない。「レトロフィット」と呼ばれる、運航中の船の電気まわりで老朽化した部分を新しい機器に置き換える工事も引き受けている。

さらにBEMACでは、機器の不具合やトラブルに対応するアフターサービスも実施。企画・設計から携わるトータルワークだからこそ、信頼性の高いメンテナンスを提供することができる。

船は24時間、全世界中で航行している。そのため、もし海外で不具合やトラブルが発生した場合、シンガポールや中国の現地関連企業が対応するほか、世界各地に点在するビジネスパートナー企業が工事を対応する。

ただ、海外であっても、大規模な修繕が必要な場合は、本社みらい工場からチームを組み、現地へ行くこともある。

ＢＥＭＡＣのアフターサービスで伝統的に取り組んでいるものの一つに「ワンデーサービス」がある。24時間３６５日トラブルに対応しており、メールなどでトラブルの連絡を受けると、担当者が24時間以内にファーストレスポンスを行う。

製造本部長の安陪貴之は入社２年目の頃、データロガーと発電機自動化装置の故障を直すため、北海道の釧路まで行ったという。松山空港からは直行便はないので、羽田で乗り換えて現地へ行き、夜中に修理をしたという。

過酷なミッションであったが、装置が直って船員や船主が喜ぶ姿を見るとうれしくなった、と安陪は言う。

「現場に行けば、お客様の喜ぶ姿をじかに見ることができます。『早く現場に行けるような力をつけなさい』と、若手社員には日頃から言っていますね」

舶用メーカーの営業は、新造船を手掛ける造船所に自社製品を売り込んだり、船主に対して運航している船に新しい機器への置き換えを勧めたりする仕事だ。

ＢＥＭＡＣの営業部隊は「マーケティング本部」と呼ぶ。市場調査やニーズのくみ取りを行い、顧客に対して提案型の営業を行っている。

営業の仕事といえば、さまざまなメーカーが商品を開発し、既存の顧客、あるいは新規の顧客にその商品を売り込むことで買ってもらったり、部品として採用してもらったりというのが基本スキームだ。

しかし、海事産業の場合、新規顧客の開拓が一筋縄でいかない。造船所が新しいメーカーから機器購入すると工事の手間が増えるので、同じ業者の機器を使いたがる傾向にある。つまり、新規参入が難しいのだ。

私が入社した当初は、営業の対象はほぼ地元の今治に限られていた。地元での堅い営業が中心で、東京に本社を構える大手の海運会社や造船会社にまったく食い込んでいなかった。

当時の渦潮電機は、すでに地元の今治では名の通った企業であったものの、中央では今治造船や来島どっく（現・新来島どっく）の下請け電気屋さんという見られ方をしていた。前に書いた通り、「ローカルメーカー」と面と向かって言われたこともあった。

「このままでは埋没してしまう」と私は思った。埋没どころか、私の代で会社を潰してしまうかもしれない。

東京での営業を強化するべく、2001年、東京営業所を支社に昇格させ、特命の営業担当を派遣。大手オペレーターを攻略するよう指示を出した。

このときの特命担当が・現在副社長を務める渡辺明典である。

「東京へ行くにあたり、絶対に諦めない、チャンスを探し続ける、この二つを肝に銘じました」

東京へ出た渡辺であったが、大手オペーレーターを攻略するあてはまったくなかった。得意先がゼロの状態なので、得意先から誰かを紹介してもらうということも困難だった。

それでも、少ないよすがを頼って、ある船主と会う機会を得た。

しかし、次のようなことを言われたという。

「いやー、どうも。おたくの機器を載せた船を使わせていただいてますよ。まあ、しかしうちは船をチャーターしているだけですから。どれほどの技術をお持ちか存じ上げませんが、うちはあくまで大手の造船会社さんの船を借りているだけなので、うちの一存で下請けメーカーの製品を採用するというわけにはいきません」

所詮《しょせん》、大手造船会社の下請けとしか見られていなかった。

これをきっかけに、渡辺のハングリー精神に火が付いた。渡辺は諦めず、人間関係を構築。コネクションは少しずつ広がっていき、しだいに大手の社長や、業界のトップなど、ビックネームと会う機会ができていった。

渡辺の東京勤務は10年以上にのぼった。

渡辺明典　副社長

「この10年でだいぶ鍛えられました。しんどかったですけど、楽しかったですね」

「新しい取り組みをしたいと考えているが、ＢＥＭＡＣさん、一緒に考えませんか？　ぜひいいお知恵をいただけたら……」

船の電気まわりで国内シェアトップとなり、ここ数年、他社の方々からこのようなお誘いを受けることが増えてきた。温室効果ガスの削減、船員など人手不足の解消など、さまざまな課題を抱え、それに伴って先進的な取り組みに参画する機会も増えている。

今後、船のＤＸ化に伴い、船の航行システム全体をプロデュースするシステムインテグレーターの役割をめざすＢＥＭＡＣ。今後営業で求められるのは、ニーズをくみ取るだけでなく、提案型の営業を発展させてニーズをつくっていくことではないだろうか。

ＭａＳＳＡの進化と共に広がるフィールド

ＭａＳＳＡによる決して止まらない船への挑戦は、まだ始まったばかり。今後、MaSSA-Two、MaSSA-Threeと進化させていく予定だ。

MaSSA-Twoでは、船に搭載された異なるメーカーの機器と機器を統合管理する。各社がつくったさまざまなシステムを一つにまとめ上げ、デジタルで統合することでそれぞれを正しく働くようにさせる。

さらに陸上では今後「デジタルツイン」と呼ばれる技術を駆使し、航行している船舶の状況を陸上のコンピューター上でリアルに再現できるようにしたいと考えている。

その先のMaSSA-Threeでは、もはや船上と陸の区別がなくなっていく。

ＡＩによって知能を宿した船が少し先の未来を予測。起こりうるトラブルを事前に知らせ安全に航行する。すでに多くの船に搭載されているオートパイロットはもちろん、難しいとされている輻輳海域での自律運航や自動での離岸、着岸も可能となる。

陸では、デジタルツインの技術により船の状況が手に取るようにわかるようになり、自律運航ができなくなっても遠隔操作で操船。究極的には、船に乗っている船員の数をゼロにする、完全無人運航を実現したい。

無人運航については、すでにＤＦＦＡＳによるプロジェクトが成功を収め、現在は実用化をめざすフェーズに入っている。いまのところ内航船への実装だが、海上のブロードバンド化が実現されれば外航船にも応用が可能となる。

船のDX化により、BEMACが活躍できるフィールドは時を経るごとに広くなっている。

少し前まで、船を建造するのにお金がかかるのは船体や船の原動力となる主機だといわれていて、電気機器が船価に占める割合はわずか5%程度にすぎなかった。造船所で船を建造するのにしても、いちばんに船殻《せんこく》、つまり船の形を最優先に考えている。電気工事は後回しで、配管などの工事がひととおり終わった後に、空いたスペースに機器を置いたり電線をはわせたりするのが当たり前。図面上では簡単な一本線で描かれている電線だが、狭い場所での配線は何時間もかかる作業だ。

しかし現在は、船の電動化が進んでいき、建造に占める電機の存在感は日増しに大きくなっている。

BEMACの今後の目標は、船の電気機器の総合メーカーというポジションに加え、船の航行をサポートするあらゆる応用ソフトウエアを提供する「アプリケーションベンダー」、さらに多様なアプリの基盤システムを提供する「プラットフォーマー」の役割を果たすこと。この「三足のわらじ」を履くことで、海運業界を取り巻く課題を解決していきたいと考えている。

プラットフォーマーとは、ソフトウエアを動作させるのに必要な基盤システムを構築して、さまざまなサービスを提供する事業者のことだ。代表的なものとして、ＩＴのプラットフォーマーであるＧＡＦＡ《ガーファ》が挙げられるであろう。

例えばアップルでいえば、スマートフォンのｉＰｈｏｎｅやタブレット端末のｉＰａｄ、パソコンのＭａｃがプラットフォームに相当。アップストアでアプリケーションをダウンロードすれば、これらのプラットフォーム上で自分が希望するサービスを受けることができる。

ＢＥＭＡＣがリリースしているMaSSA-Oneは、まさにこのプラットフォーマーの役割を担う。船の運航に関するさまざまなサービスを提供する役割だ。

ＢＥＭＡＣを含む日本の舶用工業の会社は、それぞれが高度な技術やノウハウを所有している。しかし規模あまり大きくないため、単独でプラットフォーマーとしてサービスを提供するのは、資金面、人材面で難しい。そこで、ＭａＳＳＡパートナーとの連携が不可欠となる。

MaSSA-Twoをリリースした段階でめざすのは、船の航行システム全体をプロデュースする「システムインテグレーター」。各社がつくったさまざまなシステムを一つにまとめ上げ、デジタルで統合することでそれぞれを正しく働くようにさせる役割だ。

造船の上流工程である船の構想の段階から積極的に関わっていき、業務内容に応じてシステムを基本設計。さらにハード、ソフト選定からプログラム開発、システム構築、運用、保守を一貫して手掛ける。いわば、商船建造の〝司令塔〟だ。

現に北欧では、船のシステムを構築するシステムインテグレーターが近年注目を集めている。代表的な企業として、ノルウェーのコングスバーグ、フィンランドのバルチラなどがこれに該当する。

DPSなどの分野を得意としてきたコングスバーグは、海底探査機メーカーやセンサーなどの電子機器メーカー、さらには高級車で知られる英国のロールスロイスが持っていた商船事業を買収し、船の基本設計を担うようになった。

バルチラも、もともとは舶用エンジンの製造がメインだったが、蓄電池事業者や舶用電子機器メーカーと合併し、システムインテグレーターに成長した。

両者とも、造船所でなく船主の指示を受け、あるいは船主に提案し、どのようなシステムの船にするか基本設計を描き、必要なソフトウエアやアプリケーションを調達する。そして、船そのものは、人件費の安い中国で建造し、費用を抑えている。

船主の下、システムインテグレーターたる舶用工業が音頭を取り、造船会社や他の舶用工業やＩＴ企業と船をつくっていくというイメージだ。

これまで日本の海事産業では、造船会社がシステムインテグレーターの役割を担っていた。造船会社が船殻をつくった上で、舶用工業に対してどのような主機を設置し、配線するかについて指示を出してきた。大きな造船会社の下に、たくさんの舶用工業がぶら下がっているという構図だ。

しかし、船の電化やＤＸ化が進み、機器のネットワーク化が進めば、プラットフォームによってソフトウエアを統合する舶用工業がシステムインテグレーターの役割を担うようになるであろう。

ＢＥＭＡＣは、三足のわらじにシステムインテグレーターを加えることで、舶用機器を高度に融合させ「決して止まらない船」を実現したい。決して止まらない船に向け、着実に歩みを進めている。

船舶のＤＸは、もうここまで来ている。

第5章

「決して止まらない船」の先にあるもの

脱炭素時代のゼロエミッション船

「いいよ、いいよ。実験の条件を変えてみよう」

ＢＥＭＡＣのみらい工場の一角で、実験が思い通りに進まない社員に対し、上司の男が優しく声を掛けていた。

２０２２年春、ＢＥＭＡＣのイノベーション本部に新たな組織「ＰＥシステムグループ」が立ち上がった。「ＰＥ」とはパワーエレクトロニクスの略で、電力変換と制御の技術を意味する。

二酸化炭素などの地球温暖化ガス（ＧＨＧ）の削減などに向け、船の電気推進などの技術研究を専門的に進めるチームだ。

このグループを統括する責任者は、先ほど部下を激励していた小松優一。大手電機メーカーでパワーエレクトロニクスの仕事を長く務め、２０１９年にＢＥＭＡＣに加わった。

ＰＥシステムグループのメンバーは10人ちょっと。専門的なチームと書いたが、実のところ、小松以外、多くのメンバーがパワーエレクトロニクスについては畑違いだった。

「製品化する上では、教科書に書いていないような理論が必要で、開発の段階ではいろんな失敗やトラブルに見舞われます。99％が失敗と言っても過言ではありません」と苦労を語る小松。

「それでも、みんな優秀なメンバーです。あまり私の考えを押しつけないようにして、失敗してもいいので自主的にクリアする方法を考えてもらうようにしています。人員も限られて大変な中、みんな付いてきてくれているのは本当にありがたいですね」

船の電気機器の総合メーカーとして、船舶の配電やデータ収集などで強みを発揮してきたＢＥＭＡＣ。さらにパワーエレクトロニクスや蓄電池などによって電気エネルギーを効率よく使い、船を動かす研究を進めている。

その究極の形が「ゼロエミッション船」。タイヤを電気モーターで回す電気自動車（ＥＶ）のように、プロペラを電気モーターで回す船だ。船全体が機械推進から電気推進になることで、二酸化炭素の排出が削減される。

船の電気をトータルマネジメントすることで、「決して止まらない船」の先にある未来の船を開発するのが目標だ。

地球温暖化を食い止めるため、２０５０年までに「カーボンニュートラル」をめざす取り組みが世界で繰り広げられている。

カーボンニュートラルとは、GHGの排出量から、地球上の森林などによる吸収量を差し引いて、合計を実質的にゼロにすることを意味する。

二酸化炭素などは目に見えないので実感が湧かないが、私たちは、日々の生活や産業活動で大量のGHGを排出している。日本での年間排出量は12億t前後といわれている。

「気候変動に関する政府間パネル（IPCC）」の報告書によると、世界の平均気温は工業化前とくらべ約1℃ほど上昇しているという。このまま温暖化が進むと、今世紀末には3・3～5・7℃ほど上がるとIPCCは報告している。

ただ、GHGの排出を、2030年に2010年比で45％削減し、そして2050年に実質ゼロにすれば、気温上昇を1・5℃程度に抑えることができると報告されている。

これを受けて2015年、日本を含む世界のほとんどの国と地域は、気候変動に関する世界的枠組みである「パリ協定」を締結した。GHG削減に向け、共同歩調を取ることをアピールした。

また2020年には、菅義偉首相（当時）は所信表明演説で、日本が2050年までに「カーボンニュートラル」をめざすことを宣言。国のトップの表明に後

小松優一　PEシステムグループ長

押しされる形で、企業も株主への説明や社会的責任、イメージアップなどの理由から、脱炭素化への取り組みを加速させている。

海事産業においても、高効率運航によるＧＨＧの削減に向けた取り組みが進んでいる。重油に比べＧＨＧを出さない液化天然ガス（ＬＮＧ）を燃料にした船舶は、カーボンニュートラル社会を見据えて急速に増加。さらにＧＨＧを出さない水素やアンモニアを燃料にした船の開発も進められている。

その中でも、電気はゼロエミッションと親和性の高い動力だ。電気の力で推進するだけではなく、余剰した電気を蓄電池にため、必要なときに放電して推進や離岸、着岸の際のエネルギーとする。

完全に電気で動くゼロエミッション船に向けては、コスト面、技術面双方でいくつものハードルが待ち構えている。しかし、蓄電池による推進や、船を動かせるくらいに電力を大きくするパワーエレクトロニクスの技術を研究していけば、決して不可能ではないと考えている。

ゼロエミッション船への一歩「Ｌｉ Ｂシステム」

ゼロエミッション船の実現に向けた「一歩」といえるのが、ＢＥＭＡＣが開発したリチウムイオン電池の能力を最大限に引き出す「Ｌｉ Ｂ（リブ）システム」

である。

リチウムイオン電池は、2019年にノーベル物理学賞を受賞した吉野彰さんたちの手によって開発された。従来の電池と比べて小型で軽く、スマートフォンやパソコンなど私たちの周りのあらゆる電子機器に使われている。

船舶での使用を想定した大容量のリチウムイオン電池を、船内の各種機器と連携させたのがL・i・Bシステムだ。航行中は機器からL・i・Bシステムに充電し、電気を使う際はL・i・Bシステムから機器に放電する。

リチウムイオン電池の電気は直流だが、船内の各種機器の電気は交流が用いられている。そのため、充電の際は交流から直流に変換。逆に使用（放電）の際は直流から交流に変換する。

L・i・Bシステムは現在のところ、離岸や着岸の時の動力として使うことを想定している。

離岸や着岸の際は、船を横にスライドさせる「スラスター」と呼ばれる推進器を用いる。多くの船は船尾に舵が付いていて、船尾を左右に振ることはできるが船首を左右に振ることができない。舵だけでは、微妙な動きを取ることが難しいのだ。

車で例えると、ハンドルを動かすと後輪が動く車両のようなものといえる。こんな車で縦列駐車や車庫入れをすると、車体が傷だらけになることは必至である。離岸や着岸の難しさがわかると思う。

そのために、離岸や着岸の際はスラスターを使う。

スクリューがディーゼルなどを動力としているが、スラスターは補助的な役割であることから電気で動かすことが比較的容易だ。発電機を動かさないので、ゼロエミッションでクリーンな電力を使って入出港ができる。

また、船を突然襲うブラックアウトの際の非常用電源としても融通することができる。

私は2009年頃から、船舶に使うことができる、安全性の高いリチウムイオン電池システムを模索。電池の開発メーカーと接触を図っていた。そして、2010年から2年間、国土交通省の助成を受け、エンジンメーカーのヤンマーと共同開発を行うこととなった。

この時開発に携わった一人が、2章で紹介したDFFASの無人運航船プロジェクトに携わった川崎裕之だ。LiBシステムに導入するリチウムイオン電池を選ぶため、過充電の実験で電池を爆発させたのもこの頃である。

川崎たちの試行錯誤の結果、最初は中国メーカー、次いで国産の電池を採用。

現在はコストが安くて性能が良いノルウェーのメーカーの電池を導入するべく、開発を重ねている。

開発においては、電池の爆発だけではなく、さまざまな困難があった。電池の開発の大変さについて、小松はこのように言う。

「電池はなかなかデリケートなもので、細かい内部の電気特性はメーカーから公表されているデータと違うことが多々あります。シミュレーションも一つの手段ですが、実際の電池を使った実験が重要となります。試行錯誤しかありませんね」

中でも開発者たちを悩ませたのは、電池と機器を接続する結合試験で現れた、電気のごく小さな脈動であった。

中学校理科のおさらいになるが、直流は電気の向きや電流、電圧が変化せず一定なのに対し、交流の場合はこれらが周期的に変化する。時系列のグラフで表すと、直流が一直線なのに対し、交流は波形を描く。

リチウムイオン電池に充電する際に電気を直流変換した場合、交流の波形がほんのわずかながら残ってしまう。このリップルと呼ばれるわずかな脈動が電池に悪さをして、過熱などのトラブルを引き起こしてしまう。

リップルをゼロにすることに越したことはないが、そうするとさまざまな付属装置が必要で、システムが大型化してしまう可能性がある。そこで、どれだけリップルが出て、電池がどれだけリップルを許容できるかを知った上でシステムを作ることにした。

電池、充放電装置、船内機器に各々の特性を知った上での設計である。

ＢＥＭＡＣがリチウムイオン電池と出会って10年以上が経過し、ＬｉＢシステムはＢＥＭＡＣ製品の柱の一つにまで成長した。海事業界で、電池と充放電の双方を得意としているメーカーはあまりなく、ＢＥＭＡＣの新しい強みとすることができた。

ＬｉＢシステムで船を動かそうと思うと、とてつもなく大きい容積の電池が必要となるため、現状では補助的な推進器であるスラスターの動力にとどまっている。

それでも、後述するパワーエレクトロニクス技術と併せて開発を続けていけば、電気自動車のように、完全に電気で動く船を、いずれつくることができると考えている。

小松は言う。

「ここ数年、船の電動化と並行するように、電池の大容量化が加速しています。この5年くらいで一定の出力を出せるようにして、内航船などに搭載できるような商品をリリースできればと考えています」

洋上で電気を運ぶ船

大海原に、大きなプロペラがたくさん並んでいる。プロペラといっても船のスクリューではなく、風力発電のプロペラ。風を受け、大きな羽根がぐるんぐるんと回る姿は、何だか見ているだけでこちらまで元気になる。

近年、洋上風力発電が注目されている。一般的には、陸上よりも洋上のほうが風速が速いことが想定され、より多くの発電量が期待できる。そのため、海のほうが風力発電のメリットが大きいとされている。

ヨーロッパ、特に北海では、風力発電に適した風が吹くなど、自然環境に恵まれていることから、再生可能エネルギーの主力として普及が進んでいる。

国土を海に囲まれた日本でも、ヨーロッパに大きく後れを取っているものの普及が期待されており、千葉県銚子沖などで実用化のプロジェクトが進んでいる。

一方で、電気の消費地である陸上まで遠く離れていることから、海底ケーブルを敷設する必要があるなど、送電方法やコストが大きな課題となっている。

メタンハイドレートなどの海洋資源開発において、沖合でいかりを使わずに船を長時間一定の位置に停泊することができる「ダイナミック・ポジショニング・

システム（DPS）」が活躍できることは2章で述べた。

洋上風力発電の建設においても、DPSを装備したオフショア支援船を使えば波や風の影響を受けずに作業員や必要な物資をスムーズに運ぶことができる。

しかし船が活躍するのは、発電所の建設にとどまらない。

洋上の風力発電所から陸上まで電気を運ぶ電気運搬船――。この壮大な夢に取り組んでいるのが、大型蓄電池の製造販売などを手掛けるベンチャー企業「パワーエックス」だ。

パワーエックスは2021年に創業したばかり。脱炭素の進行をにらみ「自然エネルギーの爆発的普及を実現する」をテーマに掲げた次世代型のエネルギー企業である。

2023年には、国内最大級となる蓄電池の工場「Power Base」を岡山県玉野市に建設をする予定だ。電気運搬船の実現に向け、着々と歩みを進めている。

ちなみにこの工場は、世界的な建築家である妹島和世さんの設計で、漂う雲をイメージした大きな屋根が特徴だという。建築好きの私としては、ぜひ一度足を運んでみたいと考えている。

社長の伊藤正裕さんは、伊藤ハムの創業家出身。インターナショナルスクール在学中の17歳でITベンチャーを創業し、ZOZOの取締役最高執行責任者などを務めた。

大企業の創業者一族でありながら、型破りな経歴を持つだけに、その発想もスケールが大きい。伊藤さんから電気運搬船の構想を聞いたとき、舶用メーカーの社長である私は「あ、その考えはなかなか浮かばなかったな」と率直に思った。

洋上風力発電でつくった電気は、一般的に海底ケーブルによって送られる。しかし海底ケーブルは敷設コストが膨大な上、海底での定期的なメンテナンスが必要で、切断されたときの修繕も多大な費用と手間を要する。

ところが船での運搬だとメンテナンスが容易で、いつでもどこでも電気を持って行くことができる。地震などの災害にも強い。

私は伊藤さんの思いに感動し、パワーエックスに出資することを決めた。

BEMAC以外にも、今治造船、日本郵船といった海事産業、伊藤忠商事や三井物産、みずほキャピタルなどのすごいメンバーが出資。創業からわずか2年、2023年2月時点で106億円の資金を調達した。

出資により、BEMACも国内最大手の今治造船とともに、電気運搬船の計画に参画することとなった。具体的な形はステークホルダーとともにこれから描い

Power Baseイメージ（パワーエックス提供）

ていくつもりだ。

私の祖父。小田茂は、漁船を盗まれ生計が立たなくなり、苦肉の策で蓄電池の充電事業を立ち上げた。それだけに、ＬｉＢシステムや電気運搬船は特に思い入れがあるプロジェクトだ。

創業から77年。蓄電池の事業は、再びＢＥＭＡＣを代表する事業の一つに成長しつつある。

パワーエレクトロニクスで「止まらない船」を推進

祖父の薫陶を受け、渦潮電機を大きくしてきた父・小田道人司。

ＢＥＭＡＣのものづくりの拠点であるみらい工場は、父の「今治の人にひと目でわかるような場所に工場を建てたい」という思いをくんで立ち上げた。

「ここの土地を買おうと思うとる」

小高い丘の上で、私は父からみらい工場建設予定地としてススキの生えた原野を示された。

私は、父と立ったこの丘に、パワーエレクトロニクス技術に関する研究設備を新たに建てようと計画を進めている。

パワーエレクトロニクスとは、一言で言えば、インバーターやコンバーターなどで「電力を変換するための技術」である。L・iBシステムで充放電の際の交直流変換も、パワーエレクトロニクスの一つといえる。インバーターは直流から交流への変換、コンバーターは交流から直流への変換を行う。

電力の変換で電圧を上げ、スクリューのような大きな機器を回すことが可能である。また、電力の周波数を変えることによって、モーターを一番燃費効率の良い回転速度にすることで、GHG削減に繋がる運航が実現できる。

船の電気機器の総合メーカーであるBEMACは、配電システムや電気の制御・監視システム、データロガーやデータサーバーなど情報管理・収集システムに長く携わってきた。ただ、電気をためたりつくったりする分野は未着手であった。

蓄電も、動力系も、電源も、電気に関係するあらゆる分野を扱いたい。

船の電化、DX化が進む中で取り組みを始めた、発電や蓄電池システム、パワーエレクトロニクスの分野。BEMACの扱うピースが、さらに埋まりつつある。「決して止まらない船」の向こうにある、電気エネルギーを推進力とする船の実現に、また一歩近づきつつある。

パワーエレクトロニクスについて、私はかねてから船舶の導入に向けてチャレンジしたいとの思いを持っており、専門の開発施設の必要性を認識していた。その点では、ＰＥシステムグループのグループ長を務める小松優一も同じであった。

小松の入社前、私は彼と面接する機会があった。

入社にあたり、何か希望などはないか聞いてみたところ、小松はこう応えた。

「実負荷をかける実験に対応した、思う存分失敗できるパワーエレクトロニクスの開発施設をつくってほしい。それをお約束していただかないと入社しません」

小松は大手電機メーカーで勤務していた時代、潜水艦のプロペラを回転させるモーターやインバーターの製造開発など、パワーエレクトロニクスの大型プロジェクトを手掛けていた。それゆえにこの分野の研究の難しさを熟知していた。

「パワーエレクトロニクスの分野は、まだすべてをシミュレーションで開発することはできません。より高効率で、船舶に搭載できるより小型・軽量化のインバーターなどをつくるには、実際に電気を流して負荷をかける実験を行い、失敗を繰り返していくしかないのです。

私たちは、数千kW規模を出力できる電気推進装置をつくろうと思っています。そのためには、電力会社と調整して、それなりの建屋が必要になってくるはずです」

船に実装できるものを開発しようとすれば、根気強く実験を繰り返すことが必要、そして失敗を繰り返すためには、それなりの設備が必要――。このような思いから出た小松の発言だった。

パワーエレクトロニクスの開発に対する並々ならぬ決意を感じた私は、研究施設の建設を約束。そして小松は晴れてBEMACの一員となった。

2022年の秋、パワーエレクトロニクスの研究施設の建設に着手することができた。小松との約束を、やっと果たすことができそうだ。

新しい研究テーマだけに、施設の建設だけでなく、研究そのものに対する費用もそれなりに見込まれる。BEMAC社内でも、パワーエレクトロニクス分野への投資について議論を重ねている。

PEシステムグループを含むイノベーション本部を統括する本宮英治は、稟議書の額を見て若干のめまいを覚えたという。

パワーエレクトロニクスの研究費に関する稟議書。ゼロを何回数えても、額面は億だった。それが複数枚あるのだから、役員の立場としてはたまらない。

本宮は、稟議書の起案者である小松を呼んだ。

「お前、できるんか？」

「できます」

本宮は数秒の間を置き「わかった」とだけ言って、小松が起案した稟議書に自分の印をポンポンと押した。この瞬間、小松のため、将来のBEMACのために、どんなことを言われてもこの稟議を通そうと心に決めた。

予算を審議する役員会議では、この○○億の稟議書が主な議題となった。

「本当に必要なのか」「満足できるものができるんやろうな」

他の役員からはこのような意見が相次いだ。営利企業の経営を担う立場とすれば、当然に感じる、まったく健全な意見だ。

この正論に対し、本宮も正論で返した。

「BEMACにとっては未知の研究分野です。基礎がないんですから、ある程度支出する覚悟がないと、いいものはできませんよ。そもそもパワーエレクトロニクスの開発は、BEMACのロードマップに載せとるやないですか」

その後も議論は続いた。答弁をし尽くし、刀折れ矢尽きた本宮は、次のように言い放った。

「できるか、できないかじゃない！　やるんです！」

最終的に本宮のこの発言で、予算は通ることとなった。

研究において、技術や資金はもちろん必要。しかし成否を最終的に左右するものは、開発の熱意ではないだろうか。

小松と本宮、そしてそれ以外の開発メンバーを見ていると、つくづくそう思う。

現在のところ、ＢＥＭＡＣが船舶用に開発しているインバーター・コンバーターの出力は２００kW程度。これを２０２７年までには５００kWに引き上げたいと考えている。

５００kWの出力が可能になれば、内航船のスラスターを動かすには十分。離岸、接岸で発電機を回す必要がなくなり、港湾内ではゼロエミッションでの運航が実現する。

さらに将来的には、１０００kW、２０００kWの出力をめざしていく。ＢＥＭＡＣだけでカバーできるものではないので、他社製の製品を導入するほか、他の企業を巻き込むオープンイノベーションで欧州メーカーと手を組み、６０００kWをめざしてステップアップしていきたいと思う。

パワーエレクトロニクスの分野で強くなれば、世界と互角に立ち打ちできるようになると思っている。

別の章で触れた通り、新造船の建造量（竣工量）の世界シェアは、中国、韓国の2カ国で7~8割を占めている。ここに、ヨーロッパの船用メーカーがシステムインテグレーターとして参入。それ以外にも、韓国では大手のサムスンやヒュンダイの子会社が電気部門を持っていたりする。

日本の舶用メーカーにとって、世界の造船市場への参入が難しい状態が続いている。

世界の舶用メーカーがまだ十分に対応できていないパワーエレクトロニクスの分野でキラー商品を開発すれば、中国、韓国の市場に大きな風穴を開けることができるのではないだろうか。

「決して止まらない船」の先にあるもの

BEMACの事業は祖父・小田茂が創業した蓄電から始まり、配電、制御、監視を経て、さらには発電・パワーエレクトロニクスにまで、その事業領域を広げてきた。電気をマネジメントし、船やプラントなどのインフラを止まらないように制御できる会社だと、正々堂々と言えるようになりつつある。

第二次産業革命以降、船の動力源として石油（特に重油）が使われてきたが、地球環境への意識の高まりを受け、今まさにそれが大転換しようとしている。

すでに世界の海で見かけることのできるLNG船をはじめ、アンモニア、メタノール、バイオ燃料、水素などが新しい燃料の候補に挙げられている。技術の進み具合が異なり、さらには各地域における調達の難易度に差があることから、おそらくどれか一つに収斂されることはなく、航路によって使い分けられることになるだろう。

また、燃料だけでなく、船の電力供給の方法も多様化すると考えられる。補機エンジンによる発電だけでなく、航行中のリチウムイオン電池への蓄電、太陽光発電や風力発電などの活用、停泊時の陸上からの電力供給などが併用されるのではないだろうか。

燃料転換の過渡期において、新燃料はその需給バランスから既存燃料よりも高くなり、船舶運航における燃料コストの上昇は避けられなくなる。そうなると、GHG排出削減とともに、経済的な観点からも省エネが求められる。

これを実現するためには、これまで述べてきたパワーエレクトロニクスの技術が不可欠だ。BEMACのインバーター・コンバーターの出力は200kW程度。これを2027年までには500kWまで引き上げ、早急に内航船スラスターを難なく動かすことができるようにする。さらに電気推進も進めていく。

内航船の次は、外航船の止まらない船だ。外航船のスラスターや発電機エンジンを扱うには、2000〜6000kWの出力が必要となる。近い将来この領域まで達し、外航船で止まらない船を実現したいと考えている。

そのときには、BEMAC単体では難しい。おそらく、パートナーが必要になるだろう。

より少ない燃料からより多くの推進、電気エネルギーを生み出し、そのエネルギーを無駄にすることなく使い切る、その結果がGHG排出削減に繋がる……。このような好循環を生み出し、BEMACは世界の海で、船舶の未来をデザインしていく。


BEMACでは、2032年に向けての会社のあるべき姿をまとめた「長期ビジョン2032　BEMAC　VALUE1000+」を定めている。その中では、「〝決して止まらない船〟インフラを構築する」「デジタル化を牽引し、あらゆるニーズに応える」「世界の温室効果ガス排出量を抑制する」という三つの使命を提示。これらを果たすために、最適な解決策や手法、手段をお客様に提案し、最高の製品やサービスの提供を約束、さらにその後もハイレベルなサポートで奉仕することを誓っている。

単に顧客の悩みや困り事を解消するのではなく、安心・信頼されることで国際的競争力が高まり、海事産業を変えることができる。さらに、社員が誇りを持って働く企業の実現に繋がると考えている。

また長期ビジョンでは、MaSSAを含む海洋プラント事業をはじめ、産業プラント、EV、アプリケーション開発の事業ごとに「2032年の姿」を描いている。

海洋プラント事業では、従来の配電、計装の域を越えたシステムインテグレーターへの業態転換をはじめ、究極のGHG削減を実現するゼロエミッション船への挑戦、DPSの技術発展による日本の海洋資源開発への貢献などを盛り込んでいる。

そしてそれらの活動は、すべてMaSSA——決して止まらない船——の実現に繋がっていく。

これらのプランを実現するため、私自身は「デザイン経営」に徹したいと考えている。

デザインという言葉は、一般的には「船のデザイン」「工場のデザイン」というように意匠という意味で多く用いられる。しかし海外などでは、ブランドであるとか、イノベーションなどをシンプルなものとして伝えるという意味としても用いられる。

単なる色や形といった図案の表現ではなく、「なぜそれをするのか」「なぜそれをつくるのか」を明確にしたものをデザインと呼ぶ。このデザインをシンプルなものにしていくほど、製品の大切な機能は研ぎ澄まされて、機能美や信頼性を生む。

船用メーカーにとっての「なぜそれをするのか」「なぜそれをつくるのか」は、ほぼ例外なくお客様の悩み事や困り事（＝ペイン）を解決するためである。デザインが機能美や信頼性を生み、お客様のペインを解決することで、初めて市場の支持を得ることになる。

その好例が、アップル、ダイソン、ポルシェなどである。単に形の良いパソコン、デザイン性のある家電製品、スタイリッシュな車というだけでなく、使い手にとって必要十分な機能、拡張性や互換性、低コスト、高品質、高性能が相まって世界に製品が普及している。

ものづくりの企業は、ＢＥＭＡＣに限らず「テックファースト」になりがちだ。技術者が新しいものを開発するうちに、どんどん最新鋭の技術や自慢の技術を組み込んでいき、製品を完成させる。良いものができあがるのだが、それが必ずしもお客様が求めるものとは限らない。

企業のデザインに一貫性を持たせ、お客様のどのような困り事を解決するかを中心に置いて、開発に取り組まなければならない。

「決して止まらない船」の先をめざすため、「決して止まらない船」をこれからもデザインしていきたい。

おわりに

「ＢＥＭＡＣさん、このプロジェクトを一緒にやりませんか」

「小田さん、ちょっと手伝ってほしいんだけど」

この10年で、こういった言葉を掛けてくださることがとても多くなった。舶用メーカーとしてある程度のステータスを得られたと感慨深く思う。

この10年に限らず、ＢＥＭＡＣに入って以来、がむしゃらにさまざまなことに取り組んできた。発信力のなさに辟易しつつ始めた海外進出、外国政府との折衝で人間不信の寸前まで行った電気自動車の開発など、順風満帆といかなかったもののほうが多いような気がする。

かたや、ＭａＳＳＡのリリース、無人運航船の実証実験への参加、みらい工場や驀進ベースの建設、東京データラボの開設など、若干背伸びをしつつ模索したプロジェクトも多い。

失敗や背伸びをしつつ、プロジェクトが一定の成功を収めているのは、お客様の悩みに寄り添ってきたからこそだと思う。祖父・小田茂が苦肉の策で始めた蓄電池事業も、充電場所まで遠くて困っている漁師がいたからこそ始めた仕事だ。

無人運航船は船員の不足、業務の煩雑化といった構造的課題がスタートとなっている。ゼロエミッション船などGHG削減に向けた取り組みは、地球環境のためという壮大な理念だけでなく、排出量を少しでも減らしたいという荷主、船主がいるからこその取り組みだ。

「小田さんは野心的な挑戦をしている」とよく言われるが、特別なことをしているとは思わない。そもそも人間には、働くことによって成果を出し、社会に貢献したいという基本的な欲求があると思っている。

私自身、この欲求のことを「働く野性心（Working Wild Mind）」と呼んでいる。提案力とか国際的な競争力など、ＢＥＭＡＣにまだまだ足りていないものは多い。社員とはもちろん、これからＢＥＭＡＣと関わり合うすべての人とともに、この働く野性心を集結させ、お客様のペインを少しでも解決したいと考えている。

著者

【著者】

小田雅人（おだ・まさと）

愛媛県今治市出身。1991年明治大学政治経済学部卒業後、カリフォルニア大学サンタバーバラ校に留学。

1992年三菱電機株式会社に入社。営業職に従事したのち退職。1995年に渦潮電機株式会社（現BEMAC株式会社）に入社。社長室長を経て、2004年に副社長、2006年より代表取締役社長。

国内外を飛び回りながら、社の発信力のなさを痛感。積極的な情報発信と海外展開に尽力し、2002年にオリジナルコーポレートブランド「BEMAC」をリリース。

「決して止まらない船」を実現するためのコンセプトである「MaSSA」を打ち出し、船舶が予定通り安全に目的地に到着できるシステムの構築を主導している。

2019年に社名を「BEMAC株式会社」に変更。

決して止まらない船
船舶DXソリューション「MaSSA」のすべて

2023年7月11日　第1刷発行

著者 ――――― 小田雅人
発行 ――――― ダイヤモンド・ビジネス企画
〒150-0002
東京都渋谷区渋谷1丁目-6-10 渋谷Qビル3階
http://www.diamond-biz.co.jp/
電話 03-6743-0665（代表）

発売 ――――― ダイヤモンド社
〒150-8409　東京都渋谷区神宮前6-12-17
http://www.diamond.co.jp/
電話 03-5778-7240（販売）

編集制作 ――― 岡田晴彦・藤原昂久
編集協力 ――― 藤田勝久
校正 ――――― 聚珍社
装丁 ――――― いとうくにえ
DTP ――――― 齋藤恭弘
撮影 ――――― 粂野良介（パンダグラフ）・今泉邦良・中田悟
印刷進行 ――― 駒宮綾子
印刷・製本 ―― シナノパブリッシングプレス

ISBN 978-4-478-08501-1